生活文化史選書

アッサム紅茶文化史

松下　智　著

緒　言

茶類は、その製法により不発酵茶の緑茶、半発酵茶の烏龍茶、そして完全発酵の紅茶となることは一般的に常識となってきた。

緑茶は、日本をはじめ中国や、モンゴル、韓国、そして東南アジア等の国々の飲み物として発展しており、烏龍茶は、現在では日本にも普及しているが、主として中国南部の福建省・広東省およびそこから世界各国に移住した華僑の人たちによって飲用されている。

一方、紅茶は二十世紀後半にいたって世界各国に普及しており、まさに世界的飲料へと発達して、国境、民族、思想、宗教等あらゆる境界を越えた万国共通の飲み物となっている。

この紅茶は、その発生については中国の福建省とされているが、完全な紅茶となったのはインドのアッサム地方とみることができる。そのアッサムは、東アジアと西アジアとの接点になっており、両文化の接触地でもある。こうした地域に発展した紅茶は、インド、中国、アメリカ等世界各国と深い関わりを持ちながら、世界史の一環として重要な役割を果たしてきたのである。

ところが紅茶の発展史においてその出発点となるアッサムに関する出版物は、かつての宗主国イギリスをはじめインド等から多く出版されているが、その多くは紅茶そのものに関するもので、アッサムの地方誌的なものはきわめて少なく、ましてや日本においてはほとんど皆無に近い。

紅茶が著しく普及している現在の日本にあって、アッサム地方誌を中心とした紅茶を紹介し、紅茶を茶の一種であることへの認識と、紅茶のさらなる普及へ参考に供するものである。

本書の成立については、昭和四十一年十一月から同四十四年のあいだの四回と、平成七年九月の計五回の現地訪問と村田旭氏の格別の協力によるものであり、出版に関しては、愛知大学出版助成金の援助によるものである。さらに、多難な出版業界のなかにもかかわらず引き受けていただいた、雄山閣出版株式会社と編集の労をとっていただいた、佐野昭吉氏等諸関係者に心より謝意を表するものである。

一九九九年四月

松下　智

アッサム紅茶文化史　目次

第一章　アッサムの自然と人々

一　アッサムの自然

広大なインド亜大陸を見ると、東端にヒマラヤの麓で細くくびれた瘤のようにくっついているのがアッサムである。周囲は、西南に「バングラデシュ」、南東に「ミャンマー（ビルマ）」、そして北にヒマラヤ山脈をはさんで「中国チベット自治区」とあって、インドという南アジアの国ながら、ことアッサムに限っては東南アジア的要素を強く感じるところである。

カルカッタのダムダム空港を飛び立った飛行機が東北に進路を取ると、眼下に広大な平野が展開してくる。その平野のなかを大蛇の如く無数の河が流れている。これらはブラマプトラ川であり、ガンジス川でもあるが、この両河と無数の支流によって自然造成されたのが、ベンガル平野である。

一時間そこそこで、前方に黒々と山並みが見え始める。カシー丘であり、ガロ丘である。ベンガル平野を見下ろすように、急峻な山々がそそり立っている。飛行機が近づくにつれて、黒々と見えていた大地が緑色に代わり、ところどころに曇をただよわせたカシー丘がくっきりと視野に入る。谷間を避けて山頂に点々と民家が見えるようになり、やがて草ぶきの姿が周りの農耕地と共に緑の中にシルエットの如く浮き出してくる。

カシー丘は、世界に名高い多雨地帯。雨季の生活が思いやられるが、その予防策として山頂に居を構えることになっているのであろう。

カシー丘上空になると、前方に一大パノラマが展開し始める。左前方には、世界の屋根といわれるヒマラヤの連峰が、延々と続く雲をスカートにして純白な雪を輝かせており、右前方には所々に雲を被った黒々としたアラカン山脈が続いている。ヒマラヤ山系とアラカン山系では、まったくその姿が違うが、これも自然のなす業であろう。この黒々としたアラカン山系は、その山頂や谷底の平地で何千人かの日本軍が飢えとマラリヤで戦わずして「戦死」した悲劇の山並みである。

この両山系に包まれるように、盆地アッサム・バレーがこれまた緑一色の絨緞を敷詰めたようにはるか東方の霞に消えるほど続いている。その緑の絨緞の左に、薄茶色の帯を投げ捨てたようにうねうねとブラマプトラ川が流れている。

このブラマプトラ川 Brahmaputra はチベットのラサの西方にあるマナサロワル湖 Manasarowar の東に端を発し、延々とチベット高原をヒマラヤの北側に沿って東に流れ（チベット名・ツァンポ川 Tsangpo）、アッサム東部に近いヒマラヤ山系のナムチャバルワ峰 Namcha Barwa 七七五七メートルで南に急カーブして、ディハン渓谷 Dihang を怒濤の如く一気にアッサム・バレーに突っ込む。

そしてサディヤSadiyaで西流してきたディバン川Dibang、ルヒット川Luhitと合流して、アッサム・バレーをほぼ真西にヒマラヤの南側の麓を迂回して戻る形になり、ガロ丘の麓ドゥブリDhubriで再び南に転じ、ベンガル平野そしてベンガル湾へと流れ去っている。サディヤで山地から急激に低平地に入ったブラマプトラ川は流速を落とし、大量の砂礫を堆積しながらアッサム・バレーを網状流となって流れる。東のサディヤから西のドゥブリまで東西約六五〇キロ、南北には約一〇〇キロにおよぶアッサム・バレーは、その大部分がこの流れによって持ち運ばれたチベット、ヒマラヤの土壌からできた低平な沖積台地からなり、ドゥブリから約四〇〇キロ上流のジョルハットJorhatでも標高は二六〇フィート（約七八メートル）に過ぎない。

アッサムとは狭義にはこのアッサム・バレーを指すが、広義にはブラマプトラ川をはさむ周辺山地群を含めており、一般にアッサム地方という場合はこの広義の地域を指しており、ここでも広義のアッサムを用いることにする。

ところで周辺山地群は、かつてネッファと呼ばれた北のヒマラヤ山系南麓部と、東から南にかけて展開するプルバチャル山地すなわち北部のパトカイ山脈・ナガ丘陵、中央部のガロ・カシー・ジャインティア丘陵、南部のミゾ・ルシャイ丘陵からなり、それぞれの地域には多数の山地民族が居住している。

このうち、ミャンマーとの国境に接する東部の山地は、南北に走る弧状のアラカンArakan山系の一部を構成している。ここはナガランドとミャンマーとの国境にあるサラマティ山Saramatiの標高三八

図1　アッサムバレーの民家

〇〇メートルを除くと、一般には二〇〇〇メートル前後の山並みからなっている。そのなかでミャンマーのチンドウィン川Chindwin水系に属するマニプール川Manipurが貫流するマニプール谷は、古来西南中国とインドとの交易路の一つとなり、歴史的にはミャンマーとの密接な接触をもった山間盆地を形作っている。

一方、ブラマプトラ川の左岸にあるシロン高原は、カシーおよびガロ丘陵を中心に一五〇〇メートル前後の山頂を東西に並べ、世界最大の降雨地域といわれる山地であり、降雨による激しい浸食はその高原南部にスマル谷へ落ち込む急崖を形作っている。緯度的にはほぼ北緯二三度から二八度にわたっており、奄美大島から台湾にかけての緯度に相当する。気候は典型的なモンスーン気候（南西モンスーン気候）である。三月末から十月までの雨季にブラマプトラ川の谷を上ったモンスーンは北東丘陵部に激しい降雨をもたらす。この影響を直接受けるガロ丘陵、カシー丘陵、ジャインティア丘陵からなるシロン高原南縁部が世界最多雨地域であることはよく知られているところであるが、シロン高原の北部すなわち下アッサム南部ではむしろ降雨量は減少し、年間降雨量も一〇〇〇ミリ程度となる。

一方、一五〇〇メートル前後のシロン高原から東に二〇〇〇メートル前後のパトカイ山脈に至る間にあるバレイル山地は九〇〇メートルに満たない山地で、この鞍部を通って上アッサムには多くの降雨がもたらされ（年間降雨量一七〇〇ミリ前後）、しかも乾季にも弱い降雨がある。この降雨は茶樹の成育上重要な条件であって、アッサム・バレーでの茶園分布が上アッサムのラキンプールとシブサガルに集中するのはこのためである。

ブラマプトラ川北側のアルナチャール・プラディシュでは、北部にヒマラヤ山脈が控えていることから、南部のアッサム・バレーに接した地域の熱帯多雨林から北部の山岳地帯の雪線まで複雑な景観が見られる。この地域では、プレ・モンスーンは三月下旬に始まり、モンスーンは五月から九月末まで続く。そのため南部では樹高が三層からなる典型的な熱帯多雨林が発達している。北部に移るに従って高度を増し二七〇〇～四三〇〇メートル付近では針葉低木林が展開、四五〇〇メートル以上ではアルプが雪線まで広がる。冬季は寒気が強く、南部でも〇～二度、北部では零度以下となり、高度一五〇〇メートル以上では降雪を見る。

また、ユーラシアプレートとインドプレートが衝突してできたヒマラヤ山脈の縁辺部にあたるアッサム地方は地震の多発地帯でもある。とくに一八九七年六月シロン付近を震源とする大地震の惨状については、ゲイトが『アッサム史』に詳しく記している。近年の例としては一九五〇年に大地震があり、ブラマプトラ川の川床が上昇して、河川交通に支障が生じている。

二　アッサムの人々

アッサム全域を人口構成からみると一口でいえば、「平地にインド人、山地に日本人？」といえるようなところで、アッサム・バレーを取り巻く山々にはチベット系、チベット・ビルマ系、さらにタイ系と、どの顔を見ても、私たち日本人となんら変わらない風貌の人たちである。しかし、平地になるとインド人で、ベンガル人をはじめパキスタン人、さらにアーリア系を思わせるインド人等が農耕民として稲作に従事し、あるいはティー・エステートの労働者として生活しているが、これらの人々が互いに信じる宗教を持ち、異なる生活習慣を持っている。したがって、宗教的にもヒンドゥー教、仏教、イスラム教、シーク教、もちろんキリスト教、それに山地に入れば古来からの信仰もあり、これまた多士済々である。

こうしたところを見ると、アッサムは自然民族博物館であり、アジア文化の集積地ということがい

中国(チベット自治区)
中国(雲南省)
アルナチャール・プラデシュ
ブータン
イタナガル
ディブルガール
アッサム
ディスプール
ガウハッチ
ナガランド
ミャンマー
メガラヤ
シロン
コヒマ
インパール
バングラデシュ
マニプール
アガルタラ
トリプラ
アイジャル
ミゾラム
州都

図2　アッサム地域全図

表1　アッサム地方の面積と人口

州名	州都	面積km²	人口 100万人		人口密度 人／km²
			1971年	1981年	1981年
アッサム	ディスプール	78,500	14.63	19.90	254
マニプール	インパール	22,400	1.07	1.42	64
メガラヤ	シロン	22,500	1.01	1.34	60
ナガランド	コヒマ	16,500	0.52	0.76	36
トリプラ	アガルタラ	10,500	1.56	2.05	132
ミゾラム	アイジャル	21,100	0.33	0.49	23
アルナチャールプラデシュ	イタナガル	83,600	0.47	0.63	8
合計		255,100	19.59	26.59	

える。(1) アッサムは地形にそって次のように区分される。第一はブラマプトラ川流域のアッサム・バレー、第二はアッサムバレーの南方に展開するガロ、カシー・ジャインティア、カチャール等の丘陵地帯、第三にこの丘陵地帯のさらに南方のシルヘット地方、第四にミャンマーと国境を接する東方の丘陵地にあるマニプールと、第五にヒマラヤ山脈南麓部からなっている。

ただし、独立以前にはヒマラヤ山脈南麓部はアッサム地方に加えない場合があった。たとえば、一九二一年の統計では面積はマニプールとヒマラヤ南麓部いわゆるネッファを除いて約一三万八〇〇〇平方キロ、人口約七六〇〇万人とされている。

一九四七年の独立に際して、もっとも人口稠密であったシルヘット地方はパキスタン（現バングラディシュ）に帰属し、アッサム地方から離脱した。そのために現在のアッサム地方は、西ベンガル州ダージリンの麓のわずか数十キロの幅でインド本体と結ばれた陸の孤島のような状態となっている。

一方、中国との間で国境問題を残しているマクマホン・ライン以南のヒマラヤ山脈南麓部は、ネッファNEFA（NORTH EAST FRONTIER AGENCY）としてアッサム地方に加えられた。その後、アッサム地方の行政区画は複雑な民族構成を反映して変遷を重ね、現在は七州からなりたっている。

すなわち、従来のアッサム州の他にナガランド州Nagaland（一九六三年設置）、マニプール州Manipur（一九七二年設置）、トリプラ州Tripura（一九七二年設置）、メガラヤ州Meghalaya（カシー丘、ガロ丘、一九七二年設置）、さらに一九七二年から中央政府直轄地となり、一九八七年にともに州に昇格したミゾラム州Mizoramとアルナチャール・プラディシュ州Arunachal Pradeshの七州である。(2)

したがって、現在のアッサム州はアッサム・バレー、いわゆるアッサム平野とその周辺山地の麓までとなって、独立前に比して面積は半減しているが、人口は二・五倍になっている。十九世紀までは、アッサム・バレーにはヒンドゥー教徒でアッサミーズ語を話すアッサム人が居住していたが、その後の経済的発展やインド独立後の政治情勢によって多数の人口が外部から流入し、著しい人口増加がみられた。とくに、一九七一年のバングラデシュ独立戦争に際しては、二〇〇万人ともいわれる難民が流入した。こうした状況はアッサム人と移民との間に激しい政治的経済的軋轢を生み出している。

三　アッサムの産業

アッサムでは豊富な水を活かした水田耕作が主体であったが、近世にイギリス人によって紅茶産業が導入された。茶畑は初めは種々の理由からブラマプトラ川沿いの低平地に開かれたが、その後に周辺の山地の麓や丘陵地帯に拡大されていった。したがって古い茶畑は平地に多いが、新しくなるにつれて山地に近付いている傾向がある。

現在、約六〇〇のティー・エステートで栽培面積は約一九万二〇〇〇ヘクタール、年間生産量は約三四万トン（一九九〇年）で、インド全体の六二万五〇〇〇トン（一九八六年）の約半分を占めている。茶産業に依存する人口はアッサム人口の一五パーセントに達するといわれ、茶産業はアッサム経済の基幹の一つを形作っている。

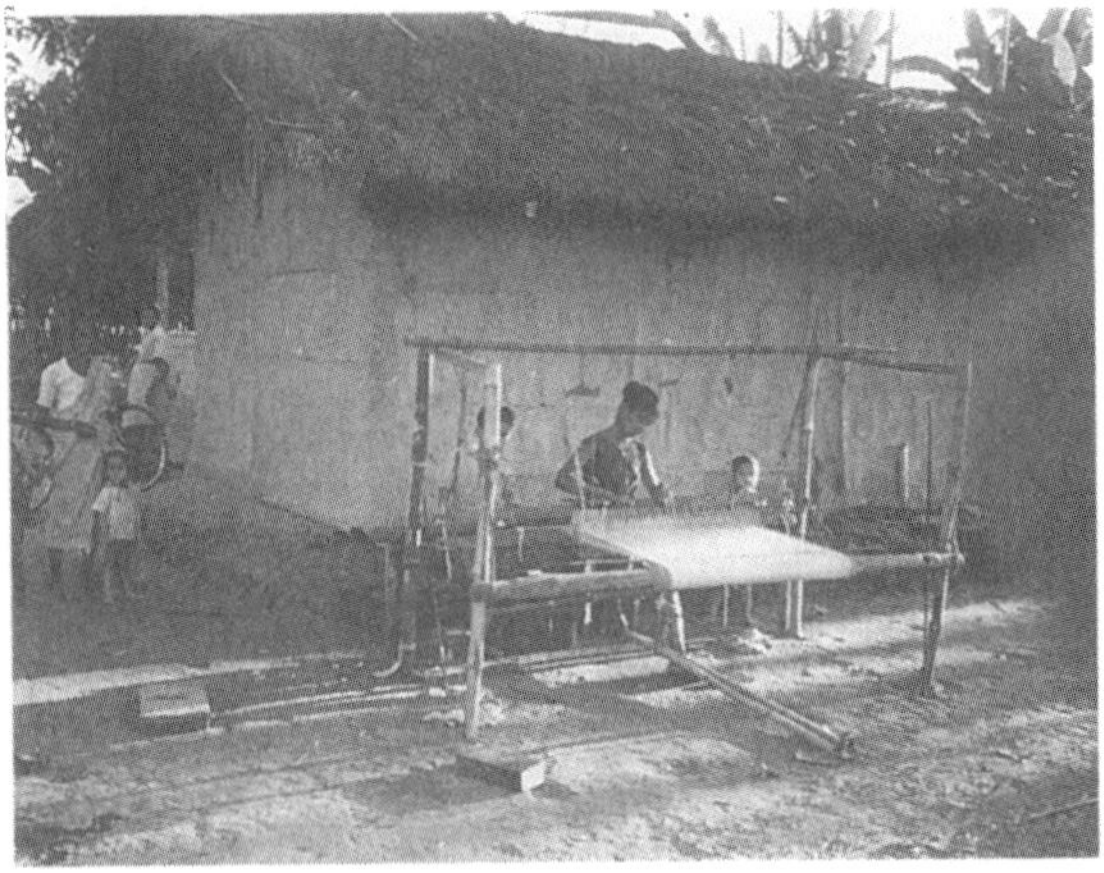
図3　アッサム特産の絹織物

主作物を稲とするアッサムでは、当然ながら主食は米で野菜類、魚類も豊富で、ことにブラマプトラ川やその支流で取れる、鯉に似た一メートル近い魚は大変美味しく、アッサム料理のメインに並ぶほどである。オレンジなど果物も多く、広いインドの中では、大変恵まれた所である。

鉱産物生産では石油が重要で、独立以前ではインドでは唯一ともいえる石油産出地であった。上アッサムのディグボイ Digboi が中心地であり、現在、町は活気に満ちている。ディグボイの他に、バダルプール Badaepur でも以前は採掘されていたが現在は枯渇して採掘されていない。新たにナハルカティヤ Naharkatiya で油田が発見されている。石炭は品質が劣るため、上アッサムのマルゲリタ Margherita 周辺で採掘している程度である。歴史的には金の産出も多く、アホム王国の時代には砂金の採集を生業とするものもいて課税の対象となっていた。

また、アッサムには茶もさることながら蚕の原産地といわれるところで、アッサムシルクは世界にその名が知られている。「クスサン」別名「山まゆ」からも作られるが、なんといっても蚕が主体で、農家の副業として各地に、トンカラ、トンカラと機織の響きがする。(3)

この他、自然を活かした「藤」の加工品も多く、近くの山地には、無尽蔵といえるほどの藤が育っており、椅子等の家具を中心とする家内手工業も各地に見ることができる。当然ながら木工も盛んであるが、陶器類の生産は見ることができない。これはアッサムに限らずインド全体を見ても、これという陶器類の生産はなく、日本に研修に来て陶器技術を習得して帰り、「ベンガル陶器」として名をなしているものもあるが、一般に低調である。

食器類はステンレス製が多いが、これはインド全体で使われているが、アッサムでは真鍮の食器が作られており、アッサムの象徴である。パゴダの姿をした香味料入れ、茶碗、飯碗などいっさいが真鍮製の、それも分厚いもので、重量感あふれるしろものである。

表2　アルナチャール・プラデシュの主要民族

地　域	民　族　名
カメン Kameng	モンパ、ミジ、アカ、コワ、シェルドゥクペン、バンニ Monpas, Mijis, Akas, Khowas, Sherdukpens, Bangnis
スバンシリ Subansiri	アパタニ、ニシ、スルン、ヒル・ミリ、タギン Apatanis, Nishis, Sulungs, Hill Miris, Tagins
シアン Siang	アディ、メムバ、カムバ Adis, Membas, Khambas
ロヒット Lohit	ミシュミ、カムティ、ジュンポー Mishmis, Khamptis, Singphos
ティラップ Tirap	ノクテ、ワンチョ、タンサ Noctes, Wanchos, Tangsas

注

（1）たとえば、アルナチャール・プラディシュで見ても、主要な民族が二〇を数え、その支族はおよそ七〇にのぼる（表2）。

（2）一九五六年十一月、一州一言語の原則による州再編成が実施されたが、アッサム州では大きな変更はなく、旧藩王国マニプールとトリプラが中央政府直轄地とされただけであった。そのため第二次世界大戦の影響を直接受けたミャンマー国境地帯をはじめアッサム地方の山地諸民族の間で、政治的自治や民族の独立などの要求が高まった。

これを受けてアッサム州のナガ・ヒル・ディストリクNaga Hills District（一八八一年設置）とネッファのテンサン・ディヴィジョンTuensang Divison を合併した行政区（NHTA）が一九五七年十二月に設けられ、一九六一年二月ナガランドNagalandと命名され、一九六三年十一月インド一六番目の州となった。その後、一九六二年十月の中印国境武力衝突とそれにともなう中印関係の悪化、中ソ対立の激化にともない中国系共産党を中心とするアッサム地方の山地諸民族の民族解放闘争が活発になってきた。こうした動きに対してインドは親インド派ムジブル・ラーマンのバングラデシュの独立（一九七一年十二月）を支援して、アッサム辺境地域諸民族の政治運動を牽制するとともに、一九七二年一月、メガラヤ、マニプール、トリプラの三州を新設、アルナチャール・プラデシュとミゾラムを中央政府直轄州とした。この結果、山地諸民族の政治運動は鎮静化していったが、今度はアッサム州に外国人排斥運動が台頭してきた。

十九世紀前半イギリス支配が及ぶにともない、従来人口希薄であったアッサム・バレーに他の州から多くの人々が流れ込んできた。独立後もこの傾向は続き、とくに一九七一年のバングラデシュ独立戦争時には大量の難民が移住してきた。また、石油開発の進展は多くの技術者や労働者を招き入れるようになった。こうした顕著な人口の社会的増加は、アホム王国時代からの住民でありアッサミーズ語を話すアッサム人いわゆる「土地の子」に少数民族化への危機感をもたらした。さらに茶園や石油採掘等のアッサムが生み出だす果実が外部に流出してアッサム自体に経済的恩恵をもたらさないことの不満も重なり、アッサム人の知識層を中心に一九七〇年代から外国人（他州人）の流入を防ぎ、既住の外国人の追放してアッサム人のアイデンティティを保持しようとする運動が全アッサム学生連盟と全アッサム人民戦線連合を中心に展開されるようになった。

アッサム人は一九八三年の州議会選挙および連邦下院補欠選挙に際して、選挙権認定について一九五一年の第一回総選挙時以降の移住民の排斥を主張し、中央政府は一九七一年を基準として対立、同年二月から三月にかけて一〇〇〇人とも五〇〇〇人ともいわれる犠牲者を出す流血の惨事をまねいた。これが「アッサム虐殺事件」である。その後、一九八五年両者は一九六六年を基準年とすることでいちおうの合意を見た。

一九八七年には、ミゾラムとアルナチャール・プラディシュが州に昇格し、アッサム地方の政治情勢はほぼ安定したが、なお分離独立を求める過激派の活動は続いている。最近でも一九九六年にはボド族の独立を主張する過激派による鉄道の爆破、一九九八年一月マニプール州でインド軍治安部隊への分離独立武装グループの襲撃、同年年十一月パイプライン爆破などがおきている。

なお、アッサムの現状については磯淵猛氏の『金の芽　インド紅茶紀行』（角川書店　一九九八）に詳しく述べられている。

(3) アホム時代、砂金採りは盛んであり、多くの人々がブラマプトラ川本流や多くの支流で砂金を採っていた。砂金採りは一年、一人、一トラ tola の金を国に納める義務があり、国庫はこれでかなり潤っていたといわれる。イギリス領になって採金業を試みられたがコストがかかり過ぎて放棄された。

また、絹織物にはパト Pat、エンディ Endi、ムガ Muga の三種類があった。パトがもっとも品質が良く、エンディは品質が劣り一般庶民が常用していた。ムガはこの中間の品質でパトより丈夫ではあるが目が粗く光沢が落ちる。このムガはヨーロッパで需要が多く、十八世紀から十九世紀初頭にかけて東インド会社の主要な輸出品の一角を占めていた。

第二章　アッサムの自生茶

一　アッサム種と中国種

茶樹には、その系統から大きく区分して二系統に分類されている。その一つが、中国や日本でごく一般に見ることのできる小葉種といわれるもので、葉の長さも七～八センチ、幅が三～四センチ、樹姿も灌木性で枝が多い。

一方の大葉種は、高木性で、ひとかかえもある巨木になり、三〇メートル近くも伸びるものもあり、枝が少なく、葉も大きく二〇～三〇センチ、幅だけでも一〇～一五センチにも達するものがある。

そして、この両者の中間型もあり、ミャンマーのカチン州辺りのものがそれになり、タイやラオスの山間地にも自生しているようである。さらに茶樹の近縁植物もつばき、さざんかを始めとして中国や東南アジア、アッサム方面にも多く、こうした茶樹の変異や分布の実況からみて、その中心は何か、そしてどこか、ということが、過去現在、多くの人たちによって推測され、また実際に現地調査も行なわれている。私たちのミャンマー訪問やアッサム訪問もその一環になる。

ここでは、主として大葉種のアッサム種といわれている茶樹の現況を紹介し、この面の研究の一端としたい。

大葉種の茶樹が初めて見出されたのは、アッサムの東端山間でサディヤから東南のブラマプトラ川の支流域であったが、初めは誰も茶樹とは認められないほどのものであった。樹高からしても葉の大きさからしても、それまでいわれてきた中国の小葉種とは極端に異なっていた。

現在は、この大葉種も中国南部雲南省から江西省さらに湖南省南部辺りにまで確認されており、西もアッサム東南部のマニプールやルシャイ地方でも確認されているこの大葉種は、本来亜熱帯の森林中に育っており、比較的日照の少ない所であり、高温多湿を必要とする性質をもっている。したがって、葉も薄く広くなっており、少ない光りを有効に利用できるようになっている。この特性から低温地域、たとえば日本などでは温室内でないと育たず、また温かいアッサムでは栽培には被蔭樹を植えて人工の日陰をつくらないと健全な生育は不可能である。

これと反対なのが小葉種で、日本のような低温地域でも関東以西の各地で育つ。ことに日本は雨が多く冬期の雪が多いため、冬期の低温から保護されることにもなり、かなりの北方、東北は秋田の能代市や、仙台の北方の石巻市辺りまでも栽培可能となっている。

こうした小葉種から大葉種まで分化し広く分布する茶樹の中心はどこか、というのが茶の起源の地になるわけだが、現在は中国の雲南省、四川省そして貴州省の三省が境を接する「雲貴高原」であろうというのが一般的見解である。

旧来、大葉種が茶樹の元祖であってそれがアッサムにあるから「アッサムが原産地である」という提唱者もあったが、アッサムの現況から見て次のようなことがいえる。すなわち、「アッサムは大葉種の自生地ではあるが、茶樹の起源の地でも茶の原産地でもない」ということである。細部については、後述のアッサムの各地の実情を参照していただければ自ら判明するはずである。

図4　大葉種（アッサム種の一種）

茶樹の起源、発生、分化については、植物学的にその生態、細胞遺伝、諸形態等各方面からの究明が必要であり、さらに考古学的、地質学的な分野からの裏付けも必要になってくる。ことに考古学的に見る茶樹の起源に関しては、日本はもちろん中国でも、インドでもまったくといえるほど手がついていない。

地質的に、あるいは化石植物、さらに花粉分析といった分野からの近代的手法によって茶樹の究明を試みることが不可欠の問題である。

一方、茶の原産地になると、茶樹の起源より後発になり「茶樹が広く自然分布している所のどこかで、誰かによって利用が始まった」と見ることができる、ということである。そして茶樹が自然にもつ各種成分を利用する、しかも手を加えて利用しやすくしている。このことからも、人間による文明、文化の要因が加わってからのものと見るのが妥当である。したがって茶樹の起源の地と、茶樹を利用し始めた所、すなわち原産地とは異なっているかもしれない、ということである。

現在、茶樹の起源の地とされている「雲貴高原」については、中国側の報告では生きた化石植物といわれる「メタセコイヤ」の育つ地であり、「氷河期の影響の無い所だから、茶樹も原初の姿を留めている所である」といっている。

この地方の化石植物学、考古学、さらに花粉分析などの手法で細部の調査が進めばその実態が科学的に証明されるかもしれないが、今後の課題になる。

製茶法の起源、すなわち原産地に関しては、前述のとおり、茶の葉の加工利用ということから人間によるものであって、各国各地の茶樹の自生地における製茶法、あるいは飲茶法等、茶の利用法等についいて、そこに住む人、すなわち民族とその歴史的かかわりから推測することになる。これらについても、アッサム周辺山間地や中国南部の山間地における現地訪問は実態調査が困難な状況であって、その近く周辺部で聞き取りし、推測し、それらを各民族の移動や歴史と対応させて見ることによって中心地を探り当てることになるが、いずれこれら各地の現地調査が進めば、この推測もより鮮明になるはずである。

二　紅茶の造り方

近年、わが国でも紅茶の関心が高まり、紅茶専門の喫茶店などが出現し、コーヒーを相手にジャブをとばしており、大いにほほえましいことである。

紅茶のタンニンは「茶色」に表現されているように、そもそもお茶のスタートはいかにしてタンニンを飲むか、ということにあり、タンニンが茶の原点になるはずである。

私たちの日常生活の中でも、渋味の付く言葉が多いが、その大部分は「大変趣味が渋くて」と、その人の落ち着きある人間性を偲ばせるような表現が多い。

もちろんタンニンは、形容詞に限らず科学的にも立派に裏付けできるだけの根拠もある。しかも一〇〇〇年余の長い歩みをもっており、不老長寿の妙薬も本体は渋味であり、タンニンにあるわけである。

紅茶も、その原産は中国にあり、お茶の仲間としては一番新しい、いわば「新参者」になるが、新しいだけあって世界各国で飲まれるようになるのも早かった。しかし、その歴史はせいぜい二〇〇年程度で、緑茶の歴史から見れば桁違いである。

中国でスタートした紅茶は、イギリスの近代資本主義の庇護のもとに、インドの植民地を中心に成長し、世界各国に普及した。とくに、本家中国が長い間、諸外国からの侵略され、国内では革命とあって、茶の生産は著しく凋落した。その間隙をぬって発展したのがイギリスの紅茶業界である。

ところでアッサムの茶園では、十二月下旬から一月の中・下旬までのほぼ一か月は一年中伸びた摘み残しの茶株の整枝期間で、それが終わるころには最初に整枝したものから新芽が萌え始める。再び茶摘みが始まり、十一月下旬ころまで続く。

茶の芽は気候状態さえ良ければ、摘んでから二五日ほどで新芽が伸びる。したがって二五日毎に摘むことになり、広大な茶畑になれば毎日どこかで茶摘みが行なわれることになる。茶摘みがあれば当然製茶工場も稼働するわけで、これまた一年の大部分が活動しており、日本のように一年間で三〇～四〇日間しか稼働しない工場とは大違いである。茶摘みもすべて手摘みであって、機械はまず見ない。「茶摘みの機械を入れると、それだけ失業者が増える」ということで、失業対策の一環としても手摘みの奨励となっているようである。

摘んだ茶の葉は、各自秤量されてから萎凋の工程に入る。ここで紅茶特有の香気がつくられる。い

図5　アッサム種による大茶園と茶樹（左下）

ままでは自然萎凋で、小学校を思わせるような大きな建物で二〜三階建の萎凋室がある。その中に各階毎に幅二メートル、長さ一〇メートルほどの網棚が張ってある。この網の上に茶の葉を網が見えない程度に薄く広げて水分の蒸散を待つ。

現在は人工萎凋機に変わり、一メートル余の高さで、長さ一五〜一六メートル、幅一メートルほどのトンネル形となっている。その天井に金網が張ってあり、その網の上に茶の葉を広げ、トンネル内に送風することによって

図6　上段左右のの写真は紅茶製造の萎凋工程。右は従来のもの、左は人工萎凋
図7　左の写真は二枚ともCTC製茶工場

萎凋を早める。自然の場合には一二時間もかかるが、人工の場合は三～四時間で完了することになり、近年は大部分がこれに変わっている。

萎凋により茶の葉の水分が六〇～七〇パーセントとなり、しおれて柔らかくなったころ、揉捻する。ここで茶の葉から水分を揉み出し発酵し易くする。五分から長くて二〇分（茶摘みの時期による）で茶の葉はくまなく揉みほぐされ、ブロークンタイプならば、この工程で細かく切断される。

次が発酵である。専用の発酵室は、温度と湿度が酵素の活性化を促進できるように調整してあり、三〇～四〇度で七〇～八〇パーセントが基準になっている。近代設備としては人工萎凋のように温風の通る長い槽があり、その上に底に網の付いた発酵箱が順々に送られ一通りすると、二〇～三〇分で完全に発酵するようになっている。後は、八〇度内外の温度で乾燥して酵素の活性を止める。続いて精製、配合、商品というのが紅茶製造のあらましになるが、近年は製造工程を短縮するために人工萎凋、人工発酵さらに細かく切断するブロークン、さらにシー・ティー・シー（Crush・Tear・Curl）という茶の葉を揉むときにすりつぶす方法もあり、さらに進んで萎凋も揉捻も発酵もいっしょにやってしまう「レッグカット」の方法も行なわれるようになっている。

日本で市販されている紅茶の多くは、ティーバックにはブロークンで、缶入りはブロークンと、高級茶としてオーピータイプすなわち茶の葉を細かく揉捻し、切断してないものになっている。

紅茶は主成分が渋味であって、日本の緑茶のようにテアニン、ビタミンCなどいろいろの成分が少ないため、砂糖やミルク、各種香料等を適当に混ぜて、楽しみの味を広げることができる。こうした特性から、世界各国で飲まれており、さらに肉食を主体とする食文化圏の国には、とくに紅茶が好まれている。これは米食を主体とする日本に日本茶が好まれるのと同じであって、肉のもつタンパク質や脂肪にとってタンニンが有効な働きをしているのである。

多様化している私たち日本人の食生活にあっても、紅茶が好まれる由縁が理解できることと思うが、あくまでお茶の仲間として紅茶も大いに楽しんでもらいたいものである。

紅茶の缶を開けると、プーンと「くちなし」の花の香りのあるもの、あるいは細かくきりっと引き締まったように揉捻されているもの、さらに小さな芽で白い毛に被われた「ゴールデン・チップ」のあるもの、オーピーであれブロークンであれ、同じであるが、こうした商品としての紅茶を見極めて入手し、楽しみを増幅させてもらいたいものである。

三　ティー・エステート

イギリスは十九世紀以降インド農産物である原綿・ゴム・ジュート・藍・茶等の商品化に積極的に努力している。しかし、一般的にはインド農民に生産を委託する小作制度がとられ、生産にともなう危険負担は生産者に委ねられていた。唯一の例外が茶生産であり、生産から流通までイギリスが資本を投下して経営リスクを自己負担とする企業形態で行なわれた。茶園造成、茶樹栽培、茶加工、運送、労働力集積等すべてイギリス人による直接経営方式がとられた。すなわちインドの紅茶産業はイギリスの資本主義下に育ち、茶樹栽培の農場と茶葉加工の工場とが一体化した農工複合体である「エステート」方式で経営された。

このイギリスの「エステート」方式による紅茶産業成立の詳細は後に述べることにして、ここではインド紅茶農園の概略を記しておく。

図8　エステート・マネージャーハウス

インド紅茶農園ではイギリスの資本を集めた経営者（現在はインド人によるが、かつてはすべてイギリス人によって成り立っていた）がニューデリーやカルカッタにおり、もちろん地元アッサムにもいるが、その多くは前者におる。そして、その出先として現地農園に専任のマネージャーを置いて全体を管理させ、その下にアシスタント・マネージャー、さらにその下に茶畑、製茶工場、茶摘み、施肥とか農薬の管理等の分担責任者が置かれている。こうした管理体制下で、数一〇〇ヘクタールから大規模になると一〇〇〇ヘクタール余を経営しており、一日や二日では全茶園を回りきれない。マネージャーは、毎日ジープで茶畑の中を見回ることになる。

一つのエステートで三〇〇〇人ほど働いているところも

あり、主として茶摘みは婦人たちが多く、毎日何十人かのグループによって、広い茶畑のあちらこちらで茶摘みが行なわれている。広大な茶畑のなかに製茶工場が設けられ、その周辺に事務所やマネージャーの住居等管理部門の建物と労働者住宅群が集まっている。労働者は家族単位で雇用されているため、エステートとしては住宅を供給する必要があるのである。大きなエステートになると学校や病院も設置され、周辺の集落とは隔絶された一つの生活共同体を構成している。

第三章　アッサム地域の人々

一　アッサム人

アッサム・バレーにはなんといってもアッサムミーズ語を主体とする「アッサム人」が多いが、これもその元はベンガル人によるもので、私たちにはまったく区別はつかない。

さらにアッサムにはその茶業の担い手であるティー・エステートがあり、そこには集団移住をしてきた「ビハール人」が多い。もともとアッサム人は原則として水田耕作を主とする人たちで茶業にはタッチしない。したがって茶業には他から移住する人たち、ときにはネパール人も居るようで各地から集まるが、その主体はビハール人から成り立っている。エステート内は一つの村落であり、人数も多く学校、病院、すべてが自活できる自己完結型の社会になっており、周囲の人たちと異なる生活習慣や宗教をもつ人たちが安心して暮らすには、こうした集団生活が何より安泰である。エステートの内に居れば自分の周りは同じ人たちであり、言語はもちろん生活習慣も宗教も変わらない。しかも仕

図9　アッサムのエステート分布図

事にあぶれる心配はないということから、低賃金ながら安心して生活できるということで、エステート内にあってはいわゆるインド的中流意識のようである。

このようにアッサム・バレーには、主としてインド系の諸民族が農耕民として稲作に従事し、あるいはティー・エステートの労働者として生活しているが、周囲を取り巻く山々には、前述のようにチベット系、モンゴリアン系さらに東南アジア系等々の諸民族のバライティーに富んだ生活がある。

次項からアッサム周囲の山地の茶樹と山地諸民族の喫茶習俗について順々に紹介するが、まずもってアッサム・バレーといわれる平野部について概略を紹介する。

図10　アッサム人（左）とベンガル人（右）

図11　アホム族のエステート・マネージャー・プーカンさん一家

アッサムの先住民であったカチャリ族Kacharisやアボール族Abors（現在はアディ族Adisと呼ばれる）あるいはナガ族Nagas等と争いながら侵入して来たのがアホム族Ahomsであり、その祖先はタイ族系である。彼らは十三世紀初頭アッサムに入り、アッサム・バレーのシブサガルSibsagar付近に最終的に定住しアホム王国を築いた。現在その王宮は廃墟と化しているが、その輪郭から見て当時の繁栄のほどがうかがわれる。

「アッサム」という呼称も、アホム族の「絶対」「無比」という崇高な思想の表現の「アサマAsama」の変容といわれている。ことのついでにアホム族の「プーカンPhukan」というのも「最高」「強い権力」を表わす言葉のようである。アッサムを訪ねたとき、必ずお邪魔したD. C. プーカンさんも、その一人ということができる。

現在、アホム族はベンガル人等の流入によって、かつてカチャリ族やアボール族がアホム族によって駆逐されたように闘争こそないが自然に消滅しつつある。歴史上の出来事であるとはいえ、現実に目の前に一民族が滅びつつある、という姿を見るとき、その当事者はなんら変わりないように見えるがなんともいえない悲哀を感じる。

アホム族は歴代稲作を主体とする農耕民であったが、その後裔であるアッサム人の主食が米であることは今でも変わりない。

しかし、こと茶に関しては茶樹の栽培や喫茶習俗はその痕跡がない。紅茶生産が始まって以降、紅茶を口にすることはあるが、アッサム人の日常的な嗜好品は檳榔《びんろう》の実である。後述するように、アッサム地方には伝統的に各種生活習俗のなかに檳榔が組み込まれていることは、アッサム地方各地に残る民話からも推測することができる。

二　アルナチャール・プラディシュの人々

◎アルナチャール・プラディシュの概略

「世界の屋根の国境紛争」（一九五九年十月）というショッキングなニュースが世界中を駆け巡った。一九六三年一月中旬、私たち一行はビルマ（現ミャンマー）からアッサムへ茶の調査に出かける寸前であった。ビルマの軍事革命もあって、前途はきわめて多難を予想して出かけたが、ビルマの方は予想外に順調に進めることができた。

ビルマ旅行の途次、絶えず中印国境紛争のニュースはキャッチできたが、アッサム行きはほとんど絶望的であった。予想通りカルカッタから一歩も近付くことができず、急遽セイロン（現スリランカ）へ回って帰り、再度一九六八年の冬にヒマラヤ西部のカシミール、東のネパールそしてダージリンと回り、アッサムへはほんの偵察程度にして、主として「シルチャー」を訪問した。

次いで一九八〇年十月、ヒマラヤ東部に目標を定めて旅行した。ヒマラヤ東部は、一般にネッファＮＥＦＡ（現在のアルナチャール・プラディシュ）といわれる地域である。

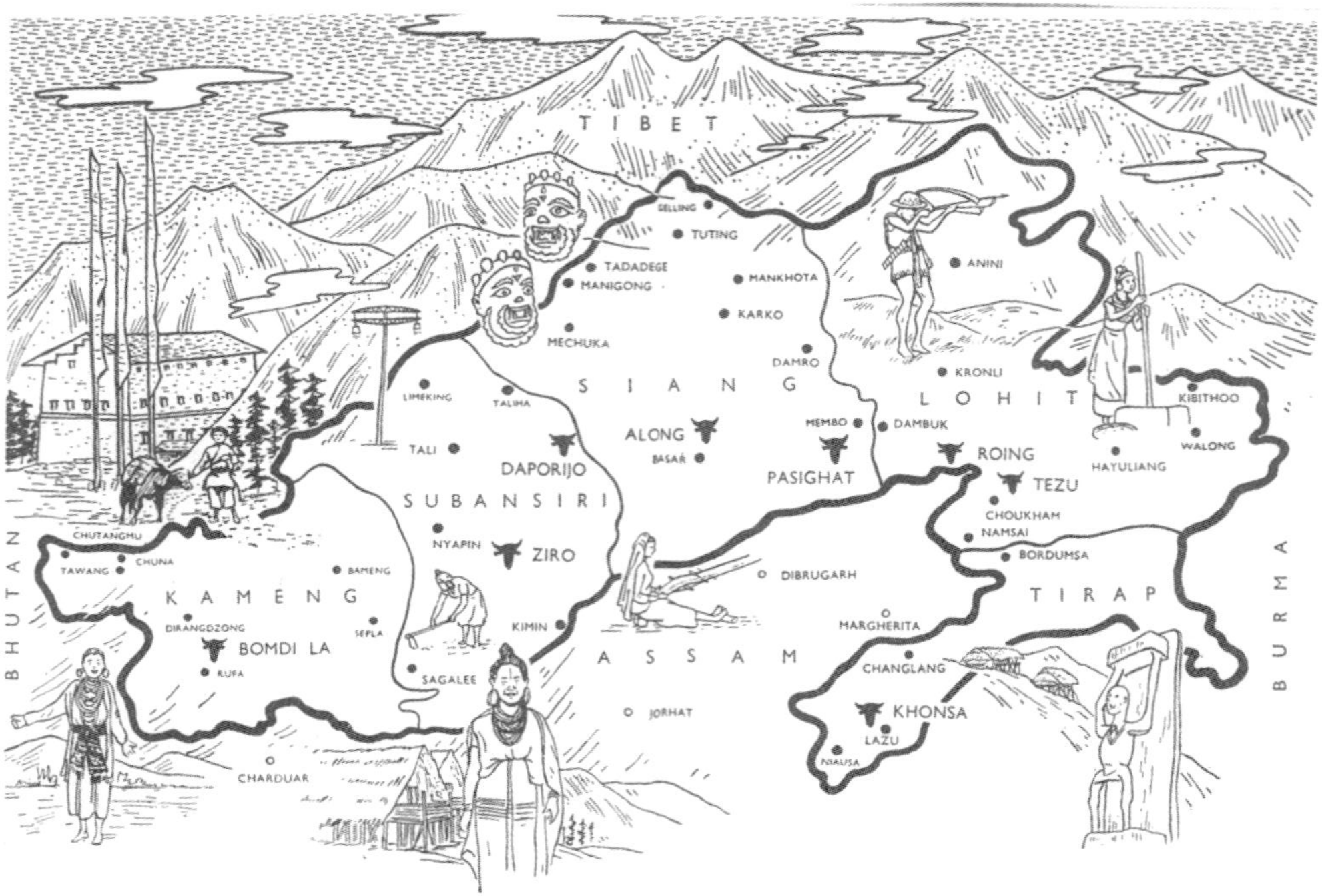

THE NORTH-EAST FRONTIER AGENCY

図12 ネッファの見取図

ネッファというのはNorth−East Frontier Agencyの頭文字を綴ったもので、インド東北、アッサム北部、ヒマラヤ山麓からミャンマー北部境に連なる山地地帯である。面積は北海道程度で、約八万四〇〇〇平方キロ。人口六〇万強。全域は山地で、万年雪をいただく高山もあるが、未踏峯どころか、名前のない山もあるという。一九七二年、ネッファからアルナチャール・プラディシュ（太陽の昇る地 the land of the rising sun）と改称して中央政府直轄となったが、一九八七年、州に昇格した。

行政地区としては西から西カメンWest Kameng、東カメンEast Kameng、下スバンシリLower Subansri、上スバンシリUpper Subansri、西シアンWest Siang、東シアンEast Siang、ディバン・バレーDibang Valley、ロヒットLohit、ティラップTirapの九デストリックdistrictに分けられている。

この地域は、ブラマプトラ川（ディハン川Dihang）によって二分され、さらに周辺山地からブラマプトラ川に注ぐ多数の支流によって細分化されており、それぞれの支流がつくる渓谷を中心に前述のように多数の山地民族が居住している。一八三八年、イギリスが全アッサム・バレーをその支配下においてからも、この地域にはとくに関心を払わずれず、行政的には空白地域として放置され山地民族の自治に任されていた。イギリスの山地民族への対応としては、彼ら山地民族がアッサム・バレーに下ってきて略奪行為を働くことを防ぎ、略奪があったときには懲罰のための軍事行動を発動することだけであった。したがって二十世紀初めまではこの地域と中国（チベット）との国境についてはイギリスにとって考慮外のことであった。

一九一一年中国の辛亥革命によって中国の影響力がチベットから後退した状況を見て、一九一三年十月イギリスはシムラに中国とチベットの代表をまねいて会議を開催した。この会議自体は翌一九一四年第一次大戦の勃発によって協定は不調に終わったが、イギリス側代表のアーサー・マクマフォンSir Arthur Henry MacMahonは別途同年二月デリーでチベットと会談して、同年三月チベットとアッサムの境界線協定を結んだ。マクマフォンの「ヒマラヤの稜線にしよう」という一言で、細部の検討なしに地図上に境界線が引かれたという。ヒマラヤ山中の人跡未踏の稜線という漠然としたこの境界線には標識もなく、単なる地図上の境界線であった。これが世にいう「マクマフォン・ラインMacMahon Line」という国境線であり、当時の英領インド帝国と中国との国力差が生み出した国境であったといえよう。

したがって現在も中国はこの線は認められないということで、ヒマラヤの南麓に国境線を設定している。インドの地図ではヒマラヤの稜線に、中国の地図ではヒマラヤの麓にあって、その間がネッファという名のもとに問題の地ができたのである。

このときからインド政庁もこの地域の行政的措置の必要性を感じて、この年、一八八〇年の「アッサム辺境地区条例（Assam Frontier Tracts Regulation）」の適用範囲をこの地域まで拡大することにした。このときに適用された範囲は、アボール（現アディ）、ミリ、ミシュミ、ジュンポー、カムティ、ブーティア、アカ、ダフラ（現ニシ）の諸族とその居住地であり、ダラン・デストゥリックDarrang Districtとラキンプール・デストゥリックLakhimpur Districtから分離して、北東辺地地区North-East Frontier Tractとした。

一九六二年の中印国境紛争以来、インド政府は積極的にネッファの開発に力を入れ、その名も「アルナチャール・プラデッシュ」Arunachal Pradeshとして、一つの州的な扱いにして、第一次五カ年計画で二〇一万ルピー、第二次五カ年計画で三五六万ルピー、そして第三次五カ年計画で七一五万ルピーの大金を投入して開発を進めた。

各種教育施設をはじめ、農業開発、栽培作物の開発はもちろん、散水施設等の灌漑施設を完備し、生産は急カーブで上昇している。一方、これら開発にともなう交通・輸送機関を見ると、全域の主要都市をトラックで結べるように橋が設けられ、険しい山道、谷間をぬって五〇〇〇キロもの道路網が完成している。

ただ、開発にともなう文明・文化の開化が果たしてどれだけの効用をここに住む諸民族に与えることができるものか、外から異文化として新しい文明・文化がその民族にとって真の芽をもたらすものなのかどうか、大いに強い関心をもたれるところである。

したがって、現在、この地域は「アルナチャール・プラデッシュ」州であるが、以下の記述では調査当時の呼称「ネッファ」を用いることにする。

カメン

ネッファの中では、もっとも西方にあってブータンの東側に接している。中印国境紛争時には、ブータンとの北部境界、グラム峠を越え、この地方の中心地でネッファの事務所のあるテズプール Tezpur

まで四〇キロ、ミサマリの町を見下ろす所まで中国軍が進出してきたという。

テズプールの町は、上を下への大騒ぎとなり、我先にブラマプトラ川を渡り、ガウハッチGauhati方面に避難し、家財道具を頭に乗せ子供の手を引き右往左往する人々の波でごった返し、そこへ軍隊の自動車が頻繁に走り回り、まさに戦場さながらであったという。

図13　カメンのミジ族

一九六七年から六八年にかけて、第二回目の訪問時に、アッサムのジョルハットからカルカッタへの飛行機の中で、日本語を上手に話す、四十五～四十六歳に見える小太りの男性に会った。彼は、名前をR・N・チョウドリーといい、日本語を話すのは三十年ぶりとかで大変懐しがっていろいろな話をした。第二次大戦時、子供のころだったが、ビルマで日本軍の通訳をかね、小使いをしたことがあった、とのことである。その後、彼は私のインド訪問には、その都度、職場であるインド国内航空に年次休暇をとって案内してくれた。中印国境紛争時に、ちょうどテズプールの航空事務所で荷物担当をしており、当時のことをこと細かに話してくれた。

インド軍は、山岳での戦争どころか、ろくろく山らしいものを見たこともない兵隊がニューデリー

図14　カメンのアカ族

方面から来て、天に届くような山を見ただけで、戦意を失って引き返してしまう者が多かった、と笑い話は尽きない。

カメンはその中心がボンデラBomdilaで、ガウハッチから直線にすれば一〇〇キロ足らずだが、ヒマラヤの山腹をたどるとなると一五〇キロ余になる。ネッファのなかではチベットの中心にもっとも近く、グラム峠を越えてラサに通じる隊商ルートもあり、古くからチベット文化が色濃く浸透しており、「モンパ族」はチベット茶を飲んでいるという。しかし、麓には「ミジ族」「アカ族」もおり、ガロ丘の「ガロ族」同様、焼畑に陸稲や粟、稗をつくり、米と野菜の食生活もある。

ここの茶については現地の調査ができないが、テズプールでの聞き取りや中尾佐助氏の『秘境ブータン』などにあるように茶の木は認められないようである。モンパ族がチベット茶を飲む程度で、その他、ミジ、バングロ、スルン、アカ等の諸族には茶のある生活は認められないようである。しかし、近くの茶園に働きに来る者には、その影響で紅茶を飲む者もあるとのことである。

◎スバンシリ

カメンの東隣りで、ブラマプトラ川をはさんで、ジョルハットに通じる。ブラマプトラ川の急流を毎日一往復の船が人や荷物の運搬をしており、一九七一年の冬に訪問した帰りにこの船を利用したが、次の日に同じ便船が転覆して大勢の人がブラマプトラ川の雪解け水の犠牲となったとのニュースを聞いた。滔々と流れる濁流に、ひょこんひょこんと「イルカ」が顔を出す、のどかな風情もあるが、ときとして怒濤の如く、渦巻く流れが押し寄せる不思議な川でもある。

スバンシリでは世界的な民族学者ハイメンドルフによるアパタニ族 Apatanis の調査があり、「ヒマラヤの蛮族」として常盤新平訳が『未開の土地の部族』（川喜田二郎編集、文藝春秋社、昭和四十五年）として刊行されている。

ダフラ族は、スバンシリではもっとも平地に近い所に住んでおり、毎日のように「ノートキンプール」や麓の市場に現われる。山の産物を一晩かけて途中野宿して朝、市場に並べて昼過ぎに山に戻る、という。筍やら梨の小さいもの、蜜柑のしなびたようなもの、薬草類等が少しばかりずつ小山になっており、これでは全部売り切ってもそれほどの収入にはならないではないか、と思われる程度であっ

図15　スバンシリのミリ族（左）とダフラ族（右）

た。

珍しいのは、筍で造った麹があり、「酒の原料になる」ということで、いろいろ聞いてみると大変美味しいものだと強調し、飲みたければ明日持って来てやる、ということになり楽しみにして待っていたが、約束の時間に市場には現われず賞味しそこね残念であった。聞くところによれば、その夜、山には大雨があって出て来れなくなったのではないかと案内人の話しであった。

ダフラ族もアパタニ族も、日本人のちょんまげ同様、頭髪を束ねて、額のところで結ぶ。ここが日本人と違うところ。しかし、蛮刀を右肩から左側にぶら下げ、ふんどし一本に、布切れを巻きつけたスタイルは、日本の野盗のコピーのように見える。

ダフラ族は筍の酒はよく飲むが、お茶は飲まないという。焼畑では粟や稗が主作物、玉蜀黍は少

図16　ダフラグ・エステート・マネージャー

ないが、とうがらし、かぼちゃ、たばこ、ごま、しょうが等をつくる。谷間を開いて水稲作もするが夏だけで、冬は麦と油菜。主食は米になるが、これは貴重品で、粟や玉蜀黍が多い。動物は何でも食べるが家畜は鶏と豚、またとうがらしを好むともいう。

現在は、インド文化の影響下になりつつあるが、かつては時々首狩りもやるほどの気性のはげしい民族であった。彼らに聞いた範囲ではスバンシリの山には茶の木の存在は認められないという。宿泊をさせてもらった地元ダフラグ・エステートのマネージャー、ボスウエルさん（イギリス人）は、「ここに来て五十年近くなるが、彼らから山の茶のことは聞いたことがない」との話しであった。

このヒマラヤの山中に住む各民族は、麓の各エステートとは大変親しくなっている。それは、山中で病人が出たときなど、麓のエステートまで来ればそれなりの病院をもっており、応急の手当てをしてもらえるからで、ときにはお礼もかねて山の幸を届けることもあるという。

私は、この関係を活用させていただき、ヒマラヤ山系にできるだけ近いエステートを探し訪ね、一宿の温情にあずかりながら、ネッファの情報収集に当たった。

それにしても真冬に大雨とはちょっと信じられないが、ダフラ族は他人との約束はかたくなに守る人たちであり、ましてや今まで見たこともない日本からの珍客だから必ず来るはずだが、それが来ないということは多分大雨でしょう、という。

図17 ダグラグ・ティー・エステート

図18 ネッファの入口ゲート

ダフラグ・エステートは、全面積一三〇〇ヘクタール余、茶畑の境界がネッファとの境になっている。目下、開墾中の所もあって将来は二〇〇〇ヘクタールになるということであった。ジャングルの木を切り倒し、おおかた枯れたころを見計らって火を放ち焼畑にして、その後をブルドーザで抜根、開墾、整地、最初の年には陸稲や麦、ときには緑肥作物や牧草などが蒔かれる。一〜二年して再び整地して今度は茶の苗木が植えられる。一畦の長さ二〇〇メートルから三〇〇メートル、途中五〇メートル毎に区画をし、道路をつくる。こうして幾何学模様の茶畑が完成していくことになる。

ジャングルと開墾地の境には、有刺鉄線が四段、二メートル余に張られている。所々が大きく踏み倒されている。「またやられた」案内のアシスタント・マネージャー、ミスター・チャクバルテー氏は舌打ちをしている。

見れば電柱のような丸太で畑に「ドスン、ドスン」と打ちすえたような跡があり、「野象」の仕業とわかる。近くにはこれまた小山のような糞が重なり合って並んでいる。その形も完全であり、どうやら昨夜の仕業らしく、しかも親子連れの一群で五〜六頭であったろうと推測された。「野象」は週に一回くらい出てくるが、茶の木を荒らさない。「そのかわり稲の時期に荒らされるのが困ります。一晩できれいさっぱり食い荒らされてしまうこともあります」という。

エステートとネッファの境は、幅四メートルで地上より二メートル程に盛り上げた道路が、ジャングルの中へ延々と続いている。道の真中に五〇センチぐらいがよく踏まれるとみえ、雑草もなくなっている。

この道の途中に太目の丸太が二本、ほんの体裁のように白黒のペンキを塗って立ててあり、そこへ一本の丸太棒が渡してある。棒の片方に人の頭ほどの石が結びつけられている。

これが、一九六二年十一月下旬、世界的に注目を集めた「マクマフォン・ライン」の一方の国境であり、この奥が「ネッファ」ということになる。ここからはインド中央政府の許可がないと入ることはできない。

このゲートから約一キロ南に「ネッファ森林事務所」がある。所長のミスター・アール・ケイ・バタチャルジェク氏にあう。面会の約束時間が午後の三時であって、氏も昼休み時間を一時間延長して待っていてくれた。ネッファの細部情況をお伺いし、ダフラ族の話にも及び、筍酒の件もやはり雨のせいであろうと、ダフラ族の正直で義理堅いことも確認できた。ネッファの人々は、全般的に砂糖も塩も貴重品で、お茶も一般的な飲み物ではないがぼつぼつ飲み始めた、しかし砂糖やミルクは入りませんなどの説明を聞くことができた。

所長と話し中に、ジャングルの彼方からけたたましいオートバイと思われるエンジンの音がこだまして来た。音が止んで間もなく、一人の日焼けした顔の青年が入って来た。多分アッサム人であろう。見慣れない来客に一瞬立ち止まっていたが、なにやら所長に報告し、所長はその都度一寸頭をかしげてうなずいている。最後に所長のいうことをメモして、青年は再びオートバイにまたがり、我々にも「にっこり」して走り去った。ネッファの管理は自分一人で背負っているように、頼もしい青年に見えた。それより驚いたのは、青年の乗り回しているオートバイは、何と日本製の「スズキ」とあった。

「さすがは日本のスズキ、ネッファまでオートバイを売りつけたか」と感心した次第。所長も「私の助手ですが、日本製オートバイが配備されてから、一段と張り切ってくれて大助かりです」とにこにこしていた。森林事務所のさらに西方一～二キロに、ミリ族を訪ねることにした。ここのミリ族は低地に住む人たちらしいが、数年前からここに移住したという。

幅五～六〇〇メートルの浅瀬になった川をはさんで水田があり、その先にミリ族の新居が五～六戸ほど見える。水田では婦人がせっせと稲刈りをしていた。

この部落の人たちは、大部分がダフラグ・ティー・エステートで働いている人たちで、十二月中旬は茶も比較的暇な時で、各自の家の農作業に精を出しているはず、とチャクバルティー氏はいう。彼は、集落のうち一番大きくがっちりした造りの家の前で、何やら大声で呼んでいた。やがて四十二～四十五歳と思われる父親らしい人が子供を一人抱えて現われた。ここの部落の長であり、エステートで働いているという。少し話し込むうちに笑顔も見せるようになった。急に物陰から五～六歳の男の子が飛び出して来て、父親の横にしがみつく。きっと物陰でじっとこちらの様子を窺っていたものと思われる。抱かれた子供は、見慣れぬ人に泣き出した。飛び出して来た子供は、父親の横わきからじっとこちらを見詰めている。母親の見えないのが残念だが、どこか遠くの畑にでも行っているのかもしれない。

彼らの建物は、入植地らしく川の中洲を開墾した所で、家の少し離れたところに水田、そして家の周りには野菜畑、少し遠くに黄色い花を咲かせた、からし菜、花野菜もあり、とうがらしも見える。

屋根は草ぶきで、壁は竹で編んだ囲いになっている。建物の半分は土間になっており、脱穀用、物置、昼寝用か「ハンモック」がつり下げられている。立臼がぽつんと放置されており、籾から白米までそこの立臼で、お月様の兎のように、とんとんと搗くのであろう。

近くで稲刈りをする黒っぽい着物を着た女性が、母親と思われる。子供の泣き声に時々手を休めて振り向くが見慣れない来訪者に言葉にもならず、ましてや近付いてもこない。

こうして文明社会に出てきてしまえば、ミリ族固有の文化は自然消滅するであろう。目の前に子供を抱えて立っている男性の姿は、日本のどこにも見ることのできる情景である。不意の来客に戸惑っているのであろう。あるいは物陰からじっと見詰めているかもしれないが、主人と子供二人しか現われない。この主人も積極的には話をしない。にわか民族学者にもなれない私たちは、早々に退散することにした。

この他、スバンシリには、スルン族、タギン族も居り、ことにスルン族はチベット文化に接しており、チベット茶を飲んでいるともいわれている。スバンシリの中心地ジローZiroは、ネッファの中でも早くから開発されており、行政もさることながら商業の中心として賑わっているということである。

▨シアン

一九六九年十月十六日から約一カ月、私は、インドの北部、ニューデリーの真北、カングライの緑茶を見学し、次いで十一月十日に、ネッファのシアンを訪ねることにした。ネッファの東端、ロヒットには、すでに一八二三年ロバート・ブルースによって高木性の茶の木が確認されており、ジュンポー族による茶造りも紹介されている。このロヒットから西方で、どこまで自生茶樹が分布するか、ということがかねがね気になっており、ブラマプトラ川の大カーブ地点を訪ねることにした。

十一月十日はインドの火の祭り、アッサム奥地のラキンプール、シアジュリーの町でも夜ともなると、町中の垣根といわずベランダ、店先のショーウインドーの角に至るまでローソクが立ち並び、暗黒の世界に幻想的な町並みを現わす。松本清張氏のいわれる拝火教の流れともいわれるが、大変美しい情景であった。

その町の小さなホテル、バンガローで昼休みの最中、子供の話し声、もちろん子供の話し声とてアッサム語か、ヒンドゥー語か、あるはベンガル語かもしれない。とにかく小声で何やらささやいていることは、その声のトーンから判断できる。ふと目を開けると、窓際にズラリと子供の顔々である。おぼろげながら目を開いた私を見て、一段と声は大きくなり、何やらわめいて、中には走り去る者もいる。何だろうといぶかりながら下から見上げていると、やがて母親らしい大人の顔がちらほら見え出した。そのうちに大人や子供、子供の頭の上から大人、と窓いっぱいに顔々となってしまった。これは何事かと起き上がったところ、いっせいに大人までくもの子を散らすように一〇メートル近くまで飛び散って、再び見続けている。ことの様子に気付いたのか、ミスター・チョードリーさんが駆けつけて、彼らに何語か分からないが話しかけて、彼らは大きなお腹をかかえて笑いながら近寄って来た。「松下さん、あなたは見せ物になったんです。この人たちは日本人を見るのが初めてです。あなたを見に来たのです」との解説にあらためて驚いた次第。

ガウハッチとかジョルハットまでは、茶のことやスポーツの交流で日本人もときたま来るが、このシアジュリーまでは来たことがないという。私も生まれて始めて、インドの、しかもアッサムの最果ての地で、見せ物になるとは夢にも考えたこともなかったわけで、「一人何らの拝見料をもらいましょうか」とチョードリーさんと大笑いしたものである。

シアジュリー・ティー・エステートSeajuli Tea Estateのマネージャー、アロー・イー・モリスAlau E.Morrisさんは、四十二歳、カシー族の美人奥さんと三人の子供。「この地に骨を埋める」と話していたが、お父さんもここで長くマネージャーをしていたようである。

図19　シアンのパイリボ族

ジープは茶畑の中を走り抜けるが、茶畑の境界はフェンスで区切られており、「ここから外は、ネッファです」という。運転しながらモリスさんは父親から聞いたことだがと、前置きして次のようなことを話してくれた。
「七〇年ほど前に、自生茶の種子を求めて、象に乗ってジャングル内を探し回ったことがあったが、処々に自生の茶があって種子を採ることができた」といっていた、という。

一時間近くも走ったであろうか。ここでもミリ族の入植地に立ち寄ることにした。竹藪を処々に配置した静かな部落で、中央に田舎の小学校の分教場を思わせる広場があり、その正面に部落の守護神ならぬ寺があり、赤、白、黄、紫等色とりどりの紙切れを竹の棒にしばりつけたものを、周りに何本も立ててある。

さっそく、寺に飛び込んだが、住職ともなればどこも変わらないと見え、あまり慌てない。住職の住まいは、寺の隣の竹以外は見出せないほどのオール竹製の家に住んでいた。清朝時代の中国人の弁髪のように、頭の毛を後ろの方へ細く編んで三〇センチ程垂らしており、頭には、それ以外の毛という毛は一本も無し。自然現象なのか、人為なのか、その判別はしかねるが、竹編みの壁からもれるわずかな光にも反射するほど輝いていた。

突然の来訪について説明し、ここのお茶について聞いてみるが、耳新しいことは聞けず早々に辞した。帰りにお隣の寺を竹壁の透き間から覗いてみたが、本尊様らしい像の面影はなく、赤く塗った紙に黒字で何か書いたものが正面に張ってあり、その前に果物、ミカン、バナナ、その隣に香らしい煙が薄明かりにゆられて立ちのぼっていた。

あちらこちらの小屋から見知らぬ突然の来訪者に驚き、かつもの珍しさもあってか何人もの大人や子供の顔と目が、こちらの行動を凝視していた。民族学に素人の私には、ミリ族に関するものは何一つ得ることができず、主目的である茶の木の探訪へと向かうことにした。

部落を後にして二〇〜三〇分、ジープは道といいえばいいえそうな、乾き切った山道を前後左右に揺られながら走った。車も時々は通るとみえて、二本の平行した踏みならした跡が山奥へと続いている。一〇メートルはゆうにあろうと見られる、チークを主体とした名も知らない木々の生い茂る林が目前に展開し始めた。はるか前方にはヒマラヤの山並みの一端が黒々と眺められる。乾季でわずかな水を流す川の前でジープを止め、林の中を少し歩き回ってみた。釣り竿のようにうなだれた竹やキンマのような葉で大きな木に巻き付いたものが多く、少し歩いた程度では判断しかねるが、茶の木やその近縁植物は見当たらない。モリスさんのお父さんが話された自生茶は、ここよりはるか山奥かもしれない。

図20　カシー族のエステート・マネージャー、アロー・イー・モリスさん一家

一年草の禾本科植物以外は、ほとんど葉を落とさず、若干紅葉した程度のものと、緑を年中保っているということは、比較的雨が多いのではないか、と想像してみた。そうすると、もう少し時間をかけて探せば、大葉種の茶の木を見出すことができるかもしれないが、今回の旅行は、それだけの時間の余裕はない。機会があれば再度の来訪を、ということにして帰路を急いだ。

ブラマプトラ川の急流によるしぶきはその近傍に一年中水分を供給しているはずで、さまざまな植物が特有の生態をつくりあげているかもしれない。中国の探険隊の調査報告を見る限りには、茶の木は見られないが、じっくりと時間をかけて探せば見出すことができるのではないかと思う。

落差一〇〇〇メートル余になるブラマプトラ川の大曲折部は、このシアンの東部にあって、その東のロヒットとの境をなしている。

チベット高原を東に流れるラサ川（ツァンポ川）が、ヒマラヤ山脈の間をえぐって南へ急転直下するところで、今もって人跡未踏の地であり、最近中国の学術調査隊がこの一部を踏査されたようだが、未解明のことのほうが多いようである。

シアンには、チベット・ビルマ系のミヨング族をはじめ、メンド族、ガロング族等々十数族が居り、アッサムの開発先住民族といわれるアボール族も少人数ながら、このシアンの山中に生活しているともいわれる。主として、チベット・ビルマ系が多く、ことに北部には隣接するチベット文化の影響も濃いものもあるが、文明社会とは孤立した固有の文化に生きる人たちも多いようである。

いずれにしてもネッファの中では、民族数がもっとも多く、地理的にもチベット、東南アジア、あるいは中国南部等の一大接点になってきたのではないか、と推測されるところである。

ロヒット

東部中印国境に位置する、いわゆる、ネッファはこのロヒットが東端になるが、インド政府はさらにロヒットから南側のアラカン山系に入るティラップTirapも含めている。

アッサム大葉茶樹が発見されたのがこのロヒットである。ブラマプトラ川の上部支流、ミャンマーに近い方のディヒン川Dhing沿いに住むジュンポー族の住むところであった。ロヒットには、ジュンポー（ジンポー）族の他に、イデュー族、ミシュミ族、パダン族、デガール族、そしてカムティ族等八族があり、ネッファの中では最大の面積だが、民族は逆に一番少ない。

ここは、ミャンマーに接しており、民族的にも東南アジアからの移住者もあり、ミシュミ族はヒマラヤ・ビルマ系、カムティ族はタイ系民族といわれている。さらに、ティラップそしてナガランドと続いており、デガール族のようにナガ族系もあって、いろいろな民族と文化が混然としている。かつて英緬戦争に備えてインド側から陸路ミャンマーへということで、アッサム・バレーを縦断し、このロヒットへ入り、ブラマプトラ川の支流に沿ってアラカン山系の東端を越える道を探したようである。そして、その途中で大葉種の茶樹の発見にもなった、ということである。

いずれにしても、茶の木とも思えぬような喬木性の茶の木を見出し、幸いにもここに住んでいたジュンポー族がその葉から茶を造っていたので、間違いなく「茶の木である」という確証が得られたわけである。

ジュンポー族は、茶の葉を蒸してから竹筒に詰めて土中に埋め、発酵を待ってからそれを食べていた、というのであって、ミャンマーやタイの食べる茶、あるいは噛み茶に通じるものがある。

ミャンマーのカチン族Katchinsも、釜炒りタイプではあるが竹筒に詰めて保存していたが、同じ系統の民族が同じ手法で茶を造る、というところに興味をもてる。茶の利用ということでは、共通の文化をもっているように思えるし、その共通性がどのようにして伝えられたのか、ここが知りたいところである。

さらに、ヒマラヤ山系沿いに照葉樹林が東西に展開しているが、インド側の地域、すなわちネッファの大部分からブータンさらにネパール南部、テライ等々の地方にも自生茶は認められず、ようやくロヒットまできて認められる、というのはなぜだろうか。茶樹の起源・伝播にとっては大変重要な要因となるので、もう少し細かく当たってみたい。

次頁にインドの気候図を紹介しておくが、この十二月から二月の間の気候と雨量を見ていただきたいが、この乾季中でもインド東端には雨がある、ということである。近年の資料が入手できず、残念に思うが、大きな変化はないものと思われる。

私は、かねがね茶樹の成育要因としては、温度と雨量が大きな制限要因になっており、「無霜地帯で、年間を通して雨があり、全量で一五〇〇ミリ以上を必要とする」として、「こういう地域に自生茶が生育している」ということを推測して各地を訪ねているが、このロヒットはまさにその条件を備えている。

次項で紹介するシロンは、年間の雨量としては世界一ではあるが、冬期の雨が不足して茶の木は育たない、ということに気付いた。さらに、ニューデリー北部のカングラKangraでは、いっそうこの傾向は強く、茶の木は自然どころか栽培しても、余程注意しないと枯死、絶滅してしまう、ということも見ることができた。したがって、暖地では温度より雨であり、日本のような低温多雨地帯では、雨

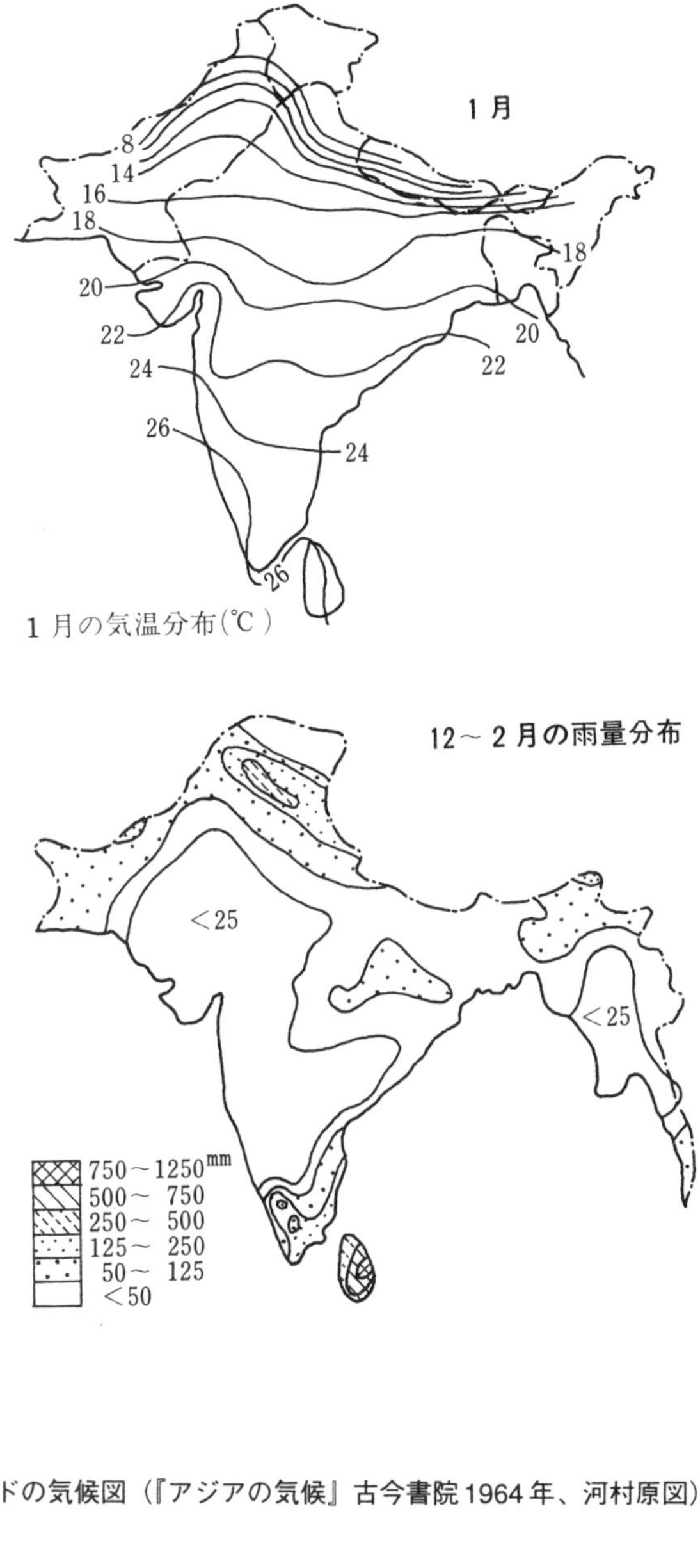

図21　インドの気候図（『アジアの気候』古今書院1964年、河村原図）

より温度が制限要因になる、ということが判明できた。

しかし、なぜジュンポー族のみに、茶造りがあるのか。この疑問は民族的な問題で私の素人が口出しは差し控えなければならないが、あえて説明を加えれば、「ジュンポー族はミャンマー北部、カチン州の茶山等から茶造りの技法を学んだのではないか。そして、茶山へは中国、あるいはナムサン方面から伝えられたかもしれない」ということである。

ロヒットにおけるジュンポー族以外の民族は、片やチベット・ビルマ系であり、片やタイ系である。してみると、いずれもお茶には本来的には無縁であったわけで、カムティ族はもちろんのこと、アッサム開発民族たるアホム族にも茶は無関係であった、ということになる。こうしてみると、少なくともアッサム方面のタイ族系民族には茶は本来無かったということになる。

一方、チベット系、あるいはチベット・ビルマ系の諸民族にも、ネッファの諸民族からみて、固有文化として、本来的には無かった、ということがいえる。

これについては、本稿にも、これから時々とりあげることにしたい。

茶の木とともに、茶と仏教について考えてみたい。それは、「仏教がインドに発生し、茶の木もインドに原産するから、茶と仏教は一か所である」という見方もあるからである。アッサムの仏教は、開発民族たるアホム族は当然ミャンマー、東南アジア系の仏教徒であり、ネッファではロヒットのカムティ族やミシュミ族は仏教徒といわれている。最近、ネッファ各地の開発も進み、同時に遺跡なども見出されており、ヒンドゥー教をはじめ仏教の存在が証明されるような出土品もあるようで、東南ア

イデュー族

デガール族

カムティ族

図22　ロヒットの人々

ジアからの移住民族には当然深いかかわりをもっていたはずである。

こうしてみるとタイ系諸民族は茶の知識を体得する前に、この地に移住しており、ミャンマーやアッサムに来てもたとえ茶の木がそこにあっても、その利用を知らなかった、ということになる。したがって「アッサムの仏教と茶は何ら関係がなかった」ということになる。

ティラップのタンサ族

アッサム・バレーを囲繞する山系として、北にヒマラヤ山系、南にパトカイ山系があり、この中間にブラマプトラ川をはさんで沖積台地アッサム・バレーができている。この南の山系の東端が「ティラップ」であって、ネッファとしてみると南端になる。

全域が山地で、傾斜地を活かした焼畑農耕が生業の主体となっており、陸稲を主体として粟、玉蜀黍、大豆、畦にそば、稗などが穀物としてつくられ、各種野菜類、果物が庭先や家の周りに植えられている。

ここには、地理的関係からみてチベット・ビルマ系のジュンポー族に近いタンサ族、ナガ族に近いイクティ族、ラオンチョ族、ミビシ族などが生活している。

このなかでお茶を造っているのはタンサ族であって、他の民族には見られない。タンサ族の造る茶は、ネッファのジュンポー族のそれと同じであって、小さな芽の時には、鉄板やトタン板などを使って炒る。天気のよい時には日干しをする。そして大きくなった葉になると蒸しており、これらを竹筒

タンサ族の住居

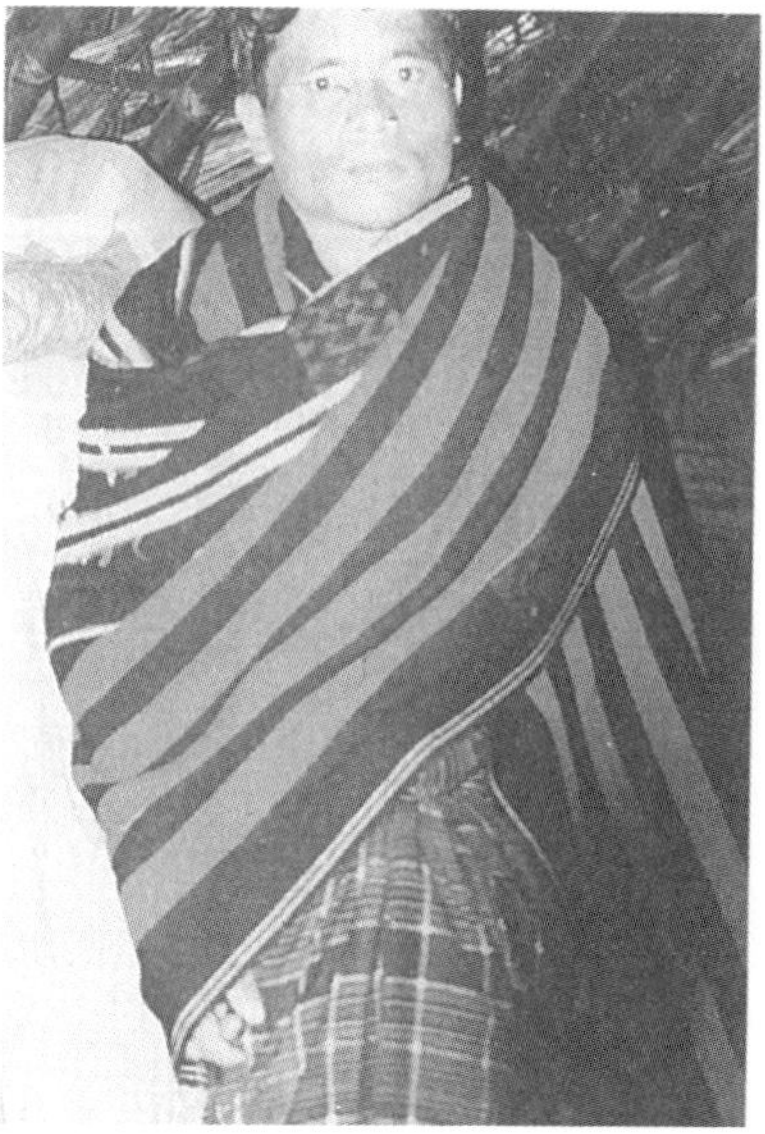

タンサ族

竹筒茶を造るタンサ族

図23　ティラップの人々（住居・竹筒茶）

に詰めて天井につるしたり、土の中に埋めたりする。天井につるすのは乾燥した茶で、土中に埋めるのは蒸したものである。

そして天井につるしたものは、半年から一年、長いのは三年間もそのまま天井につるしておき、徐々に削って飲む。一方の土中に埋めたものは、数カ月から一年くらいおき、乳酸発酵を待って茶の葉が柔らかくなったころを見定めて、取り出して食べる。食べ方はミャンマー人のそれと大差ないが、若干の塩と、ときには落花生などがいっしょに食べられる。飲む茶は竹筒を割って棒状になったものを削って煎じて飲む。塩を入れて飲むことはあるが、ミルクや砂糖は入れない。

私は、一九六二年、ビルマのカチン州からレド公路を西に進んで、ちょうどこのティラップの東側の「タルン村」まで来たが、この間、直線にするとわずか四〇〜五〇キロではないかと思う。この間の山間に自生茶があり、そこに住む人たちがこうして茶を利用しているということが明らかになった。さらに一九七〇年の冬に、ナガランドの茶を見に来たが、その時、デマプールでナガランドのテンサン Tuensang 出身でチャカサン族ミスター・バムゾウさんに会うことができた。彼は当時生まれ故郷のテンサンに住んで居り、コヒマ Kohima へ出かける途中、デマプールで用事をたしていたところであった。私の旅行に大変興味をもち、いろいろの質問に快く答えてくれた。

「私の住んでいるテンサンには、確かに茶の木があります。太いのはこのくらいかな」といって、両手で輪をつくって見せてくれたが、直径三〇センチはあろう。そして茶の木の高さについては、思案の末、「この家の天井より高いと思う」という。一階建の平屋だが、日本のように天井板は張ってない。彼の指さすところは天井よりも屋根裏になるが、その頂上はどうみても三メートル余はあろう。喬木性のアッサムタイプのように思えるが、地理的な分布、とくにカチン州のタナイやタルン村の実情から推測して、これらと同様、アッサム種の大葉と中国種の小葉との中間をなすものであろうとみた。

そして、その木の葉については、ミスター・バムゾウさんは、思い出したのか右手をいっぱいに広

ウォンチョー族

タンサ族

図24　ティラップの人々

げて見せ、「このくらいかな」と中指と手首の間を示した。そこで、ほぼ一五センチくらいと見当ついたが、その葉の先端はどうなっているか、ということについて、私は葉の先の尖ったものと、尖ってないもの、そしてその中間の三通りの絵を書いて見せた。彼が指さしたのは、葉先の尖ったものであった。そしてさらに、「この茶の木はミャンマーとの国境近くにたくさんあり、茶の木ばかりの林もある」ということであった。

最後に彼は、「この次にはテンサンへ来て下さい。一日もあれば行って来れますから、私が案内します」外交辞令とは思えない。親切心の現われである。「ぜひとも行きたいので頼みます」口約束をして帰った。

ロヒットのディヒン川流域のジュンポー族の茶といい、このタンサ族、そしてナガランドのテンサン地方の茶といい、喬木性のシャンタイプ、あるいはナガタイプといわれているもので、アッサム種と中国種の中間型とみることができる。そしてこの辺りがそうした純粋な自生茶の分布域の限界ではないか、と見ることができるが、樹の姿を想像するとアッサム種の大葉種ではなさそうである。

しかし、これは同じアッサム種でも、幼木と老木、同じ老木でも新しい枝では大きな葉になることが普通であってみれば、いちがいに「これだ」と決めることはできない。要は、自分の目で現場を見るのが、第一条件になってくるということである。

三　アラカン山系の人々

ナガ族の茶

一九六九年十一月十二日午前九時、アッサム訪問日程を終えて、カルカッタへ帰る飛行機をジョルハットの空港で待っていた。狭い待合室には、同じように多くの客が出発を待っており、見送る人も加わってかあちらこちらに、何人かのグループが話し込んでいた。その中の一つのグループに七人の若者のグループがあり、何事か賑やかに話していた。彼らの顔形や服装から見て、日本人の若者そっくりだが、まさかここへ日本の若者が旅行するはずがない、と思いながらも、もしやと思ってしばらく様子を見ることにした。その様子を察してか、チョードリーさんが「あれは、ナガ族の青年です」という説明であった。「え、ナガ族？」と一瞬聞き返したが、そういわれればそうであろう。アッサムやベンガル、ましてやニューデリーの人たちとは違っている。

ナガ族とあっては、そのままにするのはもったいない、ということで、さっそく話しかけてみることにした。

彼らは、セマ族 Semas 四人、アンガミ族 Angamis 二人、アオナガ族 Aonagas 一人ということで、その内の一人、クトビ・セマという青年が、ニューデリーへ研修に出かけるため、他の六人の友人がこ

図25　ナガ族の人々

こまで見送りに来た、というのである。
さっそくナガ族のお茶について聞くことにしたが、結論として「ナガ族は昔からお茶は造っていなかったし、飲んでもいなかったが、近年になって少しずつ飲むようになり、自家用でも造るようになった」という。では、その飲み方、造り方を教えてくれ、とたずねた。彼らの答は、「近年紅茶を飲むようになったが、ヤカンに茶を入れ、熱い湯を注ぐだけ」という。そして造り方については、次のような絵を書いてくれた。明らかに釜炒り茶の手法である。高さ七〇～八〇センチ、上部直径一メートル弱、底辺一メートル四〇～五〇センチの素焼きのクドである。この中に炭や薪木を熱源として上にザルを載せ、その中で茶の葉を炒る。
茶の木は近くの山野にあるもので、テンサン方面には茶の木も多い、との話であった。話の終わりに、私のナガランド訪問希望を伝えると、その青年が自分の妹がナガランドの観光・教育のデプティーミニスターの妻になっているから、彼に紹介しよう、ということになり、日本に帰ったら手紙を出

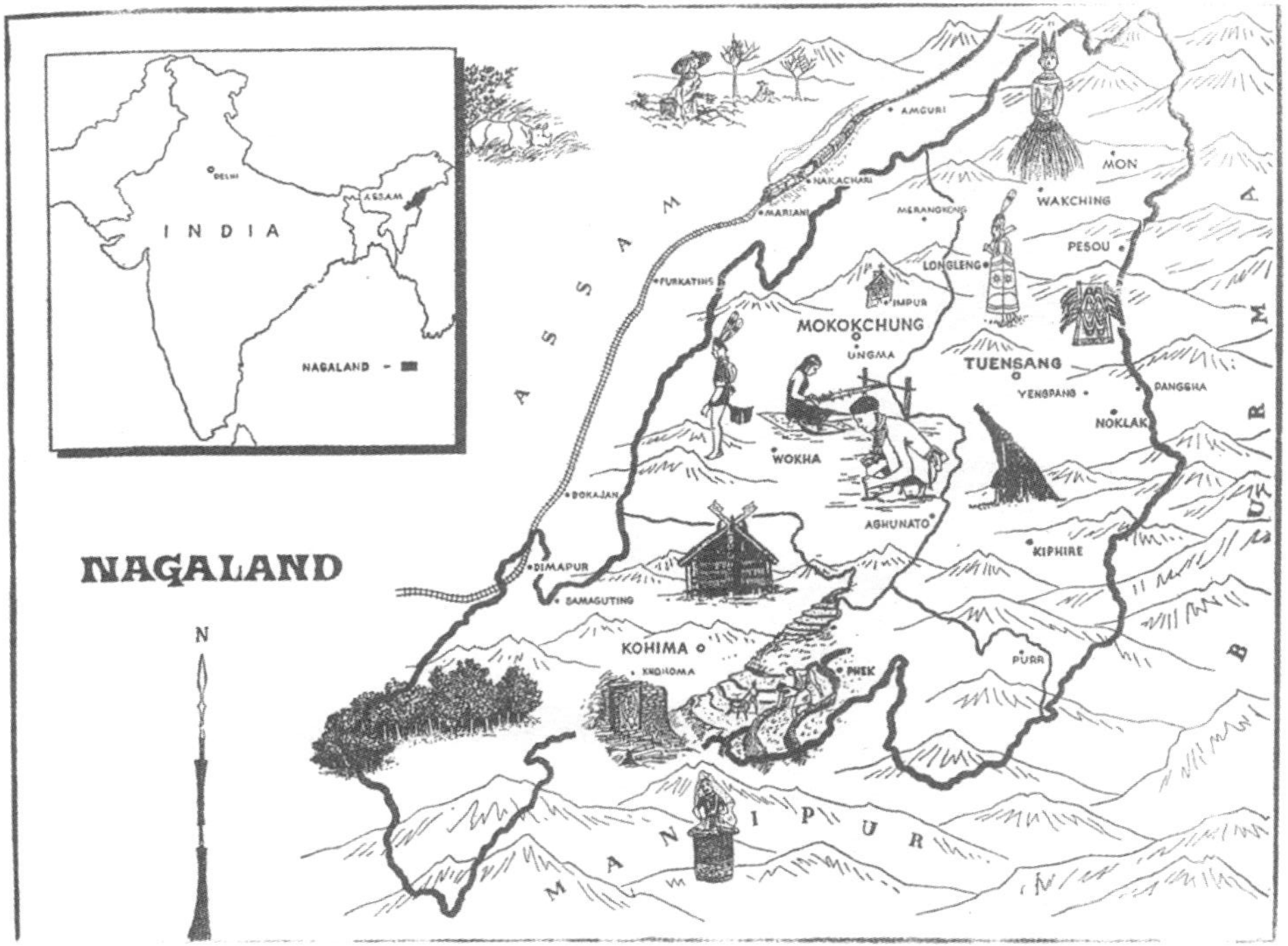

図26　ナガランド見取図（『NAGALAND』VERRIER ELWIN SHILONG 1961年）

図27　左からレグマ、アンガミ、チャカサン、ゼリヤン、アオ、ルター各族の女性

しなさい、といって、「NIHOVI SEMA Diputer Minister E.S.KOHIM NAGALAND INDIA」と連絡先を書いてくれた。

こうした機縁から、一九七〇年十二月と一九七二年一月と二回訪問し、ナガランドの概要と茶の情報を得たわけである。

一九七〇年十二月三十一日、ニホビ・セマ氏の案内で「デマプール」に到着した。私たちの泊まったデマプールの宿舎は、ナガランド政府のゲスト・ハウスで、「デマプール・ロッジ」、洋風でモダンな建物である。ロッジからなだらかな傾斜が東南に続き、その先に山並みが連なり、その裏側がナガランドの首都コヒマであるという。

コヒマと聞けば、第二次世界大戦時に悲劇の最たる戦場として広く知られている。私たちがデマプールに到着した夜、デマプールのチャーマン、ミスター・ペセイPeseyieさんと、デマプールから東方二〇キロほどにある「ボカジャン」のティー・エステート・マネージャー、デレクターであるミスター・プーカンPhukanさんが歓迎来訪され、そのときにコヒマの戦いの話が出た。

デマプールは、当時三〇戸ほどの小部落で、人口二〇〇人足らずの静かなところであったが、現在は六〇〇戸余で人口も三〇〇〇人余になり、大変にぎやかになった。そして戦争のときには、このデマプールの高原にはイギリスやインドの兵隊のテントがいっぱい並んで、テント一つ一つを鉄条網で囲んであった。そして、中の兵隊は日本軍の切り込み隊に恐れおののいて、いつ来るか、いつ来るか、とデマプールの攻撃に恐々としていたという。彼らにとっては幸いなことに、日本軍はインパール方面へ行ってしまい、デマプールの兵隊は安堵の胸をなでおろし、小躍りして喜んだ、ということである。

「あのとき、日本軍がデマプールを攻めていれば、絶対に悲劇にはならなかったはずだ」とチャーマン氏は語っていた。

ナガ族は、祖先がその昔はるか東方よりこの地に来たという伝承を持っており、東方の日本に大きな期待を持っていたようである。彼らの話によれば、第二次大戦まで日本人を知る者はほとんどなく、時々のニュースでは、「米国や英国にも勝っており、素晴らしい国だ」ということくらいで、日本軍の来訪を待ちわびていたという。そして現われた「日本人」は、何と我々ナガ人とまったく同じではないか。驚きと同時に「やはり東方より友人が来た」という「噂通り」ということで日本人に対する感情は並々ならぬものがある。

図28　案内人のニホビ・セマ氏（右より2人目）とセマ族の一行

ジョルハットで会った青年の中に、「KIEZO ANGAMI」とか「AINAI SEMA」という名もあり、デマプールで聞けば、SANO SEMAとかKONDO SEMAあるいはSATO ANGAM等々、戦争時に日本人の名を借用して子供につけたようである。ニホビ・セマ氏からの資料によると、ナガランドの概略は、次のようである。

面積約一万六五〇〇平方キロは日本の東海地方三県の広さにほぼ匹敵する。東西一二〇キロ、南北一〇〇キロの矩形で、人口七七万五〇〇〇人（一九八一年）。この中にはナガ族系一六部族、非ナガ系七九族、計九五族の多民族の地。

行政区としては、コヒマKohima、モコクチョンMokokchung、それにテンサンTuensangの三デストリクト、それにサブ・デストリクトとして、それぞれ三区ずつに区分している。人口の分布を見ると（一九七一年）、テンサンがもっとも多く一三万四二七五人、次いでモコクチョン一二万人。コヒマが一〇万八九二四人で、部族別に見ると、セマ族四万七〇〇〇人強で、その過半数がモコクチョンに住んでいる。次いでアンガミ・ナガ族約三万三七〇〇人でコヒマが多い。次いではローテ族二万七〇〇〇人がモクチョン、ホーム族一万三〇〇〇人がテンサン、チャカサン族一万人余がコヒマ等と少数部族が各地に住んでいる。

さらに、ナガ族以外に、ネパール族、アッサム人、マニプール族等も居り、少数のチベット人、ワー族、ミリ族等々まさに民族のたまりといえる。

こうなると、苦労するのが言葉であって、ナガ族一六部族だけでもお互いの言葉はほとんど通じない共通語として英語が使われている。私のブロークン英語がナガの人たちには他部族の程度の悪い英語くらいに聞こえたとみえ、「お前さんは何族か、どこから来たか」の質問にあい、言葉だけの説明では信用されず、ついにパスポートを見せて、やっと信用され、以後大分待遇がよくなったほどである。

多民族の不自由さを解消することもあって、学校教育は発達している。

教員養成短大	一校（一九六一）	二校（一九六三）
高校（州立）	一一校（一九六一）	二三校（一九六六）
（民間）	二校（一九六一）	八校（一九六六）
中学校（州）	六〇校（一九六一）	九八校（一九六六）
（民）	一校（一九六一）	三三校（一九六六）
小学校	五二一校（一九六一）	八〇〇校（一九六六）

図29　機織りをするアンガミ族の女性

幼稚園教育は一九七〇年当時はなかった。この他に専門教育として、基礎英語学習校が政府校一一校、その後二校増えている。それに工芸学校が一九六二年に開校しており、ナガ族固有の織物、木工、竹工等の技術を習得させている。

ついでに生徒数を見ると、短大に一五七人、高校八七七九人、中学二万四四八人、小学校四万六一二四人、工芸校五六人、基礎英語校一〇二人となっており、全人口の一割余が小学校生徒数であって就学水準は高い。

それでも、コヒマが七四パーセントで最高の就学率で、田舎になると二七・四パーセント、モコクチョンは町部四七パーセントに対し田舎が三四・六パーセントとなり、その他もほぼ同じ傾向にあるという。

人口構成を見ると、十歳から十九歳までが九万七〇〇〇人、二十歳から二十九歳までが五万九〇〇〇人、この両グループで約四〇パーセントを占めており、第二次大戦後の急激な発展ぶりを示している。

ナガ族の生業形態は、その中心が農業にあるが、各部族固有の織物などが工芸品として出回るようになり、徐々に工業も開発されつつある。

現在の耕地面積は二万五〇〇〇ヘクタールで、山林はこの約四倍の八万二四七一ヘクタール、ナガランド全域の一七・六パーセントになる。ナガの雛段耕作で知られるコヒマがもっともよく開発されており、六五パーセント余、次いでモコクチョンに二五パーセント、残りがテンサンという順になっており、首都のコヒマがいろいろな面で進んでいる。

農作物を見ると、主食の米に合わせて、稲作が多く四万二〇〇〇ヘクタールが一期作、秋作が一万七三〇〇ヘクタール、稗二万ヘクタール、豆類三〇〇〇ヘクタール、油菜類約二〇〇〇ヘクタール、棉、ジュート等五三〇ヘクタール、その他に馬鈴薯、とうがらし、甘藷等々二〇種類余。その他野菜類、非農耕的なタロイモ、ヤムイモもある。

こうした作物を主とした食生活を見ると、主食物は何といっても米ではあるが、以前は、ヤムイモ、タロイモが主体であり、それは主としてテンサン、モコクチョン方面で、コヒマ方面は稗と米であった。近年になって、水稲に限らず陸稲も多くなり、多くの人が米を食べることができるようになったが、ナガ全体とはいかないようである。

食事の特徴として「とうがらし」をよく食べることであり、緑色とうがらしに塩を付けて私たちの生野菜同様にぼりぼり食べる。ナガ族全体に共通しており、どの家でも家の周りにとうがらしを植えているという。ついでながら、特別の珍味について聞いてみると、ナガ族の最高の珍味は「象の鼻」であり、あの「長い鼻の筋肉は大変美味しいもの」とニホビ・セマ氏の説明であり、絶えず動いている鼻であってみれば、さもあろうと合点した。象の鼻の珍味に負けず劣らずのが「猿の手の掌の肉」

という。右手を突き出し、手のひらを細くして親指のところの「ふくらみ」を指して「ここのふくらんだところが実にうまいんです」と目を細くして説明してくれた。そして「いくら美味しいといっても、今は象も猿も非常に少なくなり、食べられません」とさも残念そうな顔をして見せた。

ことのついでに、「犬を食べますか」の質問に、「もちろん食べます。今でも食べます。ただし、私は食べませんがね」という付け足しもあった。東南アジア各地に見られる「檳榔」について聞いてみたが、「噛まない」ということであった。

デマプールの町は、十二～十三世紀までは先住民族としてのカチャリ族の都であったが、その面影はなく、崩れかけたゲートが一か所、かろうじて当時の歴史を伝えているに過ぎない。

ナガ族の語源は、「裸」の「ネーケット」といわれており、日常生活が裸の生活であったというが、現在はもちろんその姿を見ることはできないが、山間に入ると昔を想起させる情景も見ることができるという。

竹を二～三センチ幅に削って三角形に曲げて結び、底辺の方で地面を削る除草や種子蒔きをするという旧来の農法もあるが、日進月歩の今の世であり、ナガの山地といえども文明の波は押し寄せており、固有の文化の変容も著しいようである。

私の旅行中に気付いたことは、キリスト教の普及が行き届いているということであり、何人か集まれば立派なコーラスを聞かせてくれる。ニホビ・セマ氏の護衛の兵隊が五～六人行動を共にしたが、時々の休憩時など、讃美歌はもちろんのこと「ローレライ」など見事に二～三部の合唱をしてくれた。

アッサム州のジョルハットの南方一〇キロ程の山間に新入植のアオナガ族を訪問したときには、お別れに「蛍の光り」を家族揃って近所の人もいたのか子供と共に七〜八人で実に鮮やかな二部合唱で、姿の見えなくなるまで歌ってくれたのには、まったく驚きであった。

ナガの各部族固有の服装も、インド文化の吸収とともにインド化されつつあり、その傾向は若い女性に多いが、男女とも老人にはそれぞれの部族の特徴ははっきりしている。ことに新年とか祭事のハレの日には、伝統的衣装に身を包んで集まり、それぞれの部族は一見して判別できるほどである。

◎マニプール種

茶樹の分類に、アッサム大葉種として「マニプール種」が紹介されている。葉の長さは三〇センチにもなるという大葉で、樹の丈も二〇メートル余にも達するという巨木である。茶樹の分布からみると、この大葉種を西南の端にして順次東へ進む。隣にナガランド、ティラップ、ミャンマーのカチン州、北シャン州、そして中国南部、雲貴高原、さらに湖南、江南へと続き、江南に近付くに従って葉は小さくなり、東端の安徽省、浙江省となると小葉種となる、というのが一般的な見方である。茶樹もこの間の山地に「連続変異」をしており、その間のどこかに中心がある。あるいは西の端、あるいはアッサム、いや中間だ、雲貴高原だ……というのが、現在の見解である。

私は、マニプールの山中に入ったことはなく、先人の報告やこの周辺で聞くだけだが、機会があれば、ぜひともマニプールへも訪問したいものである。

マニプールは、第二次世界大戦では「インパール作戦」として史上明らかなところであり、ナガランドのコヒマに次ぐ激戦地として悲惨な戦いの場で、別名「白骨街道」とまでいわれた所である。最近、日本へも日印文化交流の一環としてマニプールダンスなども紹介され、その認識も高まりつつあるが、まだまだ一般的には知られていない。

マニプールの西南がルシャイ Lushai であり、山間地は最近州に独立した「ミゾラム Mizoram」である。茶樹の分類名に「ルシャー」というのがあり、マニプール種と同様に大葉種とされているが、この山地からチッタゴン丘 Chittagong にかけての山地が厳密に見る西端のようである。

カチャール Cachar の中心地、シルチャー Silchar には、かってのアッサム先住民族であったカチャリ族が山間地で焼畑耕作をしており、チベット・ビルマ語族としては南限の民族になる。現在は平地に出てインド・ヒンドゥー化されつつあるが、山間地では精霊や偶像崇拝もある。

シルチャーはアッサムの茶業開発と同時にスタートし、現在のバングラデシュ北部のシルヘット Sylhet 方面にかけても紅茶の開発が始まっており、茶園労働者としてカチャリ族も働いている。一九六七年の旅行にカチャール地方の訪問を行ない、シルチャー近郊のエステートで、そこに働くカチャリ族から彼らのお茶について聞くことができた。

カチャリ族は、最近までお茶は飲まなかったが、近年になって紅茶を飲むようになった。それも、「私たちのように、エステートで働いたり、平地との交流のある人たちだけで、山の中だけに生活する人たちには未だにお茶は無縁である」という。しかも、紅茶を飲むにしても砂糖もミルクも入れない。

まったく紅茶だけを飲む。そして飲み方は、「紅茶を煮出して飲むのが一般的だ」という。

砂糖は大変貴重品で、一キロが五ルピー、さらに山中のアイジャルAijalでは一〇ルピーもするという。ちなみに彼らの一日の労賃が二ルピーとのことであり、いかに砂糖が貴重品かということであり、これでは紅茶に入るはずがない。

図30　最近まで喫茶習慣のなかったカチャリ族の若者

カチャールから南方の山間地は、かつて「ミゾー」といわれた地方で、現在はミゾラム州となり、その中心地はアイジャルである。シルチャーからは車道しかなく、二日は見ないと無理であり、しかも途中の山中には野象がおり、時々虎も出没するという大変危険な山道のようである。

この山中には、モンゴロイド系のルシャイ族が十九世紀中ごろからの居住し、サイロ族、ラケール族等の部族からなっているが、かつては首狩り族として恐れられていた。山中の閉塞的な生活で土着信仰が中心になっていたが、キリスト教の普及とともに完全な農耕民族となり、焼畑耕作でオレンジやパイナップル作りに精出している。現地の訪問はできないが、この地方は山中に大葉種の喬木性茶樹は自生する。しかしこの葉を利用することを知らず、日常生活にお茶は入っていない。パトカイ山系では、東端のタンサ族が古くから茶を造っており、ナガ族は近年になってから造り始め飲み始めた程度で、このナガランド以南の山中には、茶の木はあってもそれをそれを利用していない、というのが現状のようである。

カシー族の茶

アッサムの西端にアッサム・バレーをせき止めるようにして、パトカイ山系から延びているのがカシー丘でありガロ丘である。

現在は、メガラヤとしてアッサム州から独立して一つの州になっている。したがって、それまでアッサムの州都として栄えていたシロンShillongの町はメガラヤの州都になり、かつてのような賑わいは見せていないが、アッサムの避暑地として利用されている。

カシー丘には、シロンを中心として母権制で知られるカシー族Khasisが住んでおり、その一派としてのサイテン族共々カシー丘の構成族として活躍している。これら両族は民族的にはモンゴロイド系民族になるが、言語系列からするとモンクメール語族に入り、ミャンマーのパラウン族Palaungsやワ一族Was、遠くカンボジアのモン族Mons等と同系である。カシー族の伝承によると、彼らの祖先はカシーの東部あるいは北方からの伝来といわれているが、それを証明する明らかなものはないようである。

ガウハッチから自動車の便しかなく舗装された山道を二時間程登ると、カシー丘に出る。かつての避暑地だけあって、赤屋根青屋根や黄色の壁等が澄みきった空にくっきりとシルエットを浮き出している。カシー族は一般に焼畑農耕民族で、いたる所に整然と区画された焼畑が並び、谷間の水の便利なところには水田が開かれる。畑には、陸稲、玉蜀黍、豆類、棉、オレンジ、パインアップル等がつくられる。近年は養蚕に力が入り、州政府では日本から技術を導入して本格的に養蚕経営に取り組んでいる。

カシー丘は標高も高く、平均一二〇〇～一三〇〇メートルもある冷涼なところで、草花の大変美しいところもあり、ひときわその風情を楽しませてくれる。

米を主食として粟や玉蜀黍も利用され、副食としての野菜類等アッサム平地と変わるところはないが、日常生活にお茶は飲まない。もちろん近年になって紅茶を飲む人はいるが、伝統的な飲茶の習慣はない。そのかわりカシー族にはことのほか酒が好まれており、日没とともに夜明けごろまでにぎやかな歌声が続く。しかも毎晩あちらこちらから聞こえてくる。

男性が酒を好むように、女性には檳榔とキンマが好まれ、真っ赤にした口の女性をいたる所で見かける。檳榔、キンマは大変渋く苦い。この点がお茶に通じるのか、何よりの好物のようである。茶文化に対する南方の檳榔文化として一考を要することである。

宗教的には精霊信仰や土着信仰があるが、近年はキリスト教の教化があってとことどころに十字架が目にはいる。仏教徒は少なく、シロンの東の町はずれに一寺があり、アッサムとしては最大の規模のようである。

一九七二年、アッサム地域全体としての仏教徒は、約八万五〇〇〇人で、そのうちアッサムの中心をなす平野部に二万五〇〇〇人、南部のミゾラムに四万人、メガラヤ一万人、それにネッファといわれるアルナチャールに一万人ということで、圧倒的に多いヒンドゥー教徒に比べればそれほどではないが、歴史的に見ると、ビルマあるいはベンガル地方との縁もあって、基層をなす宗教として続いている。

カシー族には、石像建造の伝統文化があって「マウンビンナMawbynna」といっており、母権制の民族とあって家族の女系祖先を記念するものといわれている。私がシロンを訪ねた一月は辺り一面乾季の真最中で、草木の大部分が枯れ葉になっており、とくに石造物の並ぶ荒涼たる野原はススキの原で、黒々とした石造物、高いのは二メートルに近くもあろうか、果てしなく並んでおり、その近くには同大か稍小さめの石が横たわっている。シロンの案内をいただいたミスター・チャルクさんの話では、立ててある石は男性の墓石で、横たわっているのは女性の墓だと聞かされた。もの珍しげに石に近寄って見たものの、お墓の石とあってはあまり長居は無用ということで早々に先を急いだ。この他、カシー族に特徴的な生業として、農具の製造、修理を中心とする鍛冶屋が多いことである。ガウハッチからシロンへの山道の途中各地に鍛冶屋専門の部落があり、かなり遠くからでも「とっちんかん」と金槌の音が山間に響いている。

皮製の大きなフイゴを専門にふかす男性、真っ赤に焼けた鉄を打つ人、一工場に数人の人たちが休むことなく働いており、カシー族を中心にガロ丘のガロ族、遠くは麓のガウハッチ方面にも売り出しているようである。

◎世界一の多雨地

カシー丘の高原を西南へ四〇〜五〇キロもあろうか、チェラプンジ Cherrapunji の町がある。ここは世界一の多雨地帯で、年間一万ミリ余にも達する雨が降る。私の訪問したのは一月で乾季の最中、豪雨の様子を想像するのが精一杯であった。自動車道をはさんで展開する焼畑には一区画毎に溝が掘ってあり、遠くから見れば誠にあざやかな幾何学模様ではあるが、雨季の雨による土壌流亡を少しでも防止する生活の知恵であろう。枯れ草の立つ高原から少し傾斜になると岩盤が露出しており、雨季の流れを想像させる。

私が、チェラプンジをぜひとも訪問したかったのは、世界一の多雨地帯に茶の木が育っているか、ということを確かめたかったからである。幸いにして、メガラヤ政府の役人をしている、ミスター・チャルクさんの案内もあってトラブルなしに、チェラプンジの先端まで行くことができた。

途中、世界一の雨の記録を測定する「測候所」があるが、急の来訪者ましてや外国人には見学は無理ということで、外観だけ拝見して通過する。

チェラプンジの最南端は、長年の雨のせいか、渓谷は気の遠くなる程であって、谷底の川まで行って来るには、たっぷり一日見ないと無理、ということであった。大きな谷間を見渡すはるか南方がバングラデシュとの説明を聞く。

谷底の傾斜地には、乾季とはいえ緑の木々が生い茂り、その中に「カメリヤ・キッシー」が点々と

図31　世界一の多雨地帯チェラプンジ。頂上に測候所がみえる

図33　カメリヤ・カウダータ。傍らに立つ人は平野甚之丞さん

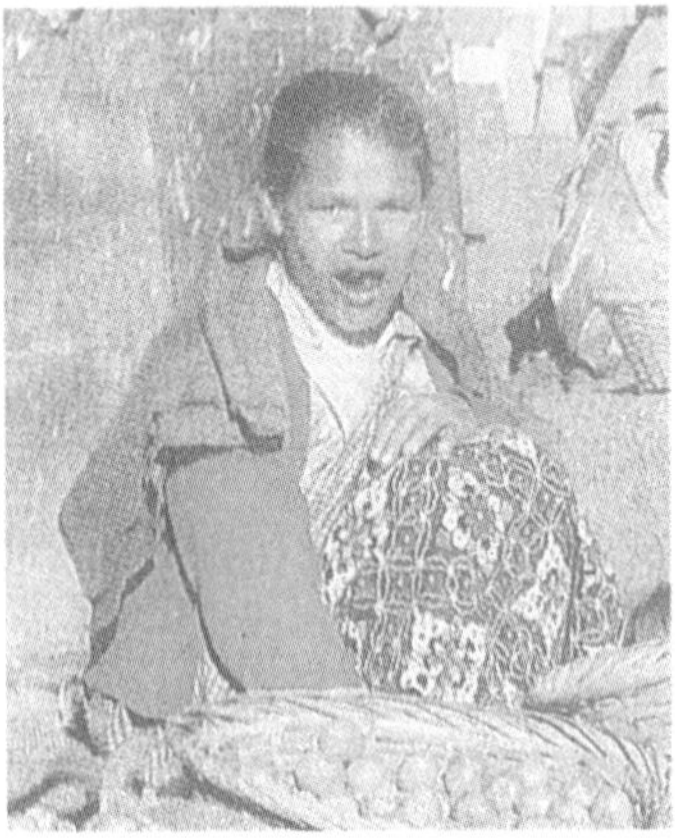

図32　檳榔をかむカシー族（カシー丘）

見える。このカメリヤ・キッシーに始めてお目にかかったのは、一九六七年一月、ネパールの喫茶習俗の探訪に出かけたとき、ヒマラヤの眺望の地、「カカニー丘」に登ったときのことである。カトマンズから車でゆられ、しかも一月のカカニーともあれば雪こそないが、冷え込みは結構きつい。生理作用をと思ったが、近くに便所はない。そこでせっかく世界の名山を目の前にということで、眺望台から少し北側に下りて、ヒマラヤ連山を眺めながら……。ふと足下を見ると、可憐な白い花弁を三～四枚つけて、所々西日に照り輝く葉をつけた灌木が目に入った。

生理作用もそこそこに近づいてみると、茶のようでもあるが茶でもなし、さりとて椿にはほど遠い、さざんかにもっともよく似ている、ということから、これがカメリヤ・キッシー Camellia kissi ではないか、と写真を撮り標本に何本か採集して帰った。

カメリヤ・キッシーは、茶樹より耐寒性もさることながら何より耐乾性が強い。したがって茶の木が育ち得ない高地や乾燥地に成育しており、茶の代用を務めてくれるわけである。

チェラプンジの先端山中には、カメリヤ・キッシーの他にもカメリヤ植物があるのではないか、このときの旅行には宇治の民間茶樹育種家であり、茶業に一生をかけている平野甚之丞さんもごいっしょであり、二人で案内人共々傾斜地をあちらこちらと探し回った。

予想に違わず、さっそく見いだすことができた。それは、直径五ミリにも満たない小さな白花を咲かせる「カメリヤ・カウダータ Camellia caudata」であり、茶とはだいぶ縁遠い植物だが、茶の近縁には違いない。かくして、チェラプンジにはカメリヤ植物が二種類自生することが確認できた。時間があれば、谷間の湿度の高い所まで下りてみれば、あるいは茶の木もあるではないか、とも思ってみたが、それはいずれかのチャンスということで帰った。

カメリヤ・カウダータの成育するところは、乾季でチークのような大きな葉の植物は枯れ葉になっており太陽はある程度地表に達しているが、雨季には到底地表まで太陽光線は届かないほどに樹木は生い茂っている。

木という木には、もれなく「こけ類」が寄生しており、雨季の湿気を思わせる。しかし、乾季の一月は、土中三〇センチになっても土ぼこりが立つほどの乾燥である。雨という雨は間違っても降らない、というほどであり、これでは茶の木は育つはずはない。茶専門に一生を生きる平野甚之丞氏の太鼓判でもあった。

◎お茶のないミキリー族

デマプールの北東、約二〇キロのところにボカヂャンBokajanという村がある。この一帯は正式にはアッサム州の「ユナイテッド・ミキリー・アンド・ロングマヒル」という呼称の地であり、面積は一万五二二五平方キロで、北側はブラマプトラ川に接し、南はナガランド、西はカシー丘、そして東方にアッサム・バレーが続く。人口わずか二六万人、大変ゆったりした人口密度になるが、それでもどんどん平地へ移住しており、極言すれば日毎に減少しているという。ここの中心地はデマプール西方のデプーDiphuという町になっているが、第二の町がボカヂャンである。

このボカヂャンに小規模のエステートを経営する「プーカン」さんは、デマプールに本拠をおいてエステートの経営をしている。茶園の面積は、全面積一六一ヘクタール、成木茶園四四ヘクタールで、年間六〇トンの生産量。日本で四〇ヘクタール余の個人茶園は考えられないが、アッサムのエステートとしては最小であろう。しかし、不思議なことにここで造られる紅茶の五パーセントほどは、毎年一キロ二五ルピーで取り引きされる、という。インド紅茶の一キロ二五ルピーというのは法外な値段で、カルカッタの取引所で最高が一〇ルピーからせいぜい一五ルピー、これからみると世界的に知られるダージリン紅茶の最高級にも匹敵するほどである。規模こそ小さいが、この単価は「アッサム一の高級品」と自慢している。

彼が自慢するだけあって、じつに美味しい紅茶であった。それはアッサム紅茶としての強い渋味に、アッサム紅茶にはないところの強い香気があり、アッサム紅茶とダージリン紅茶の長所を持ち合わせたと思われるほどの逸品である。

彼の案内してくれた茶園は、どこのエステートとも変わらぬ茶の木で、むしろ他のエステートより管理は悪く、雑草が伸び放題で、茶畑か採草地か区別のつかないほどであり、「これから一月いっぱいかけて刈り込みと除草の予定です。今が一番茶園のみにくいときですね」と実情とも弁解ともわからない説明をしてくれた。

「第二次大戦のときには、私は学生でガウハッチにおり、父がここで管理をしておりましたが、〝日本軍が攻めてくる〟というので、エステートはそのままに建物は釘付けにして、ほったらかにしてついに二年間放置してしまいました。戦争が終わって帰って見ると、茶畑は茶の木も雑草も伸び放題、まったく手もつけられなかったそうでして、その時から見れば今の茶園はよいほうです」と余裕のある案内であった。その時、彼が大変印象深い話をしたことを今でも忘れない。それは、「アッサムは今までにたびたび戦争に巻き込まれました。第二次大戦、中印国境紛争、さらに東パキスタンの分離独立。その都度、アッサムの外から来た人たちが、ここで戦争をして戦争が終わればさっさと引き揚げて行きます。私たちアッサム人はどこへ行くこともできません。荒らされるのはアッサム人です。それでもアッサム人はどこへも逃げることはできません」。

アホムの末裔である彼は、自民族の栄枯盛衰を身を持って体得、投影したのであろうか、しみじみ語ってくれたのであった。

戦争に対する拒否反応は、こうした切実な問題として身近に直接味合わされた人々の中に真の声があるものと、痛切に響いた。

インド国内はもちろん、アッサムだけでも今もって民族間の争い、宗教の対立等数限りなく続いており、こうした中で生きる人たちにとってはつねに神経をピリピリさせていなければならず、日本人には到底想像もつかないことである。

ボカジャンの近くの山中には、ミキリー族が住んでおり、「そのうちにミキリー族が来ますから、わざわざこちらから出かけることもありません」との話である。私がここを訪ねた目的の一つは、ミキリー族はお茶を飲むかどうか確認したい、ということを話してあったため、彼は忘れず気にかけていたようである。

「ミキリー族の住む山中に出かけるとなると、どうみても一日仕事になります。彼らに会ってみて、どうしても行かなければならなくなったら私が案内しますから」ということで、ミキリー族のお出ましを待つことにした。

このエステートから五〇～六〇メートル前をデマプールからジョルハット方面への国道があり、その道をへだててアッサム鉄道が通っている。ときたま通る汽車の音がやけに大きいのも辺りがそれだけ静かなせいだろう。一月三日の昼過ぎ、彼と二人で腰掛けを庭に出して雑談をしていたとき、時折行き交う人々に目を走らせていた彼が、いきなり大声をあげて立ち上がった。五〇～六〇メートル先の道を「ミキリー族」の親子が市場から帰るところであった。彼らは、時々この先のエステートへ紅茶を買いに来たり、ときには茶摘みや除草などで来ており、顔見知りの間柄であった。

大声に驚いて振り向き、彼らも二言三言大声を出して、こちらへ向きを変えてくれた。両親と子供二人、一家で遊びかたがた買い物に来た帰りで、籠の中には何やら包みがごたごた入っていた。日本からアッサムの茶を調べに来た人で、お前たち、ミキリー族のことやミキリー族のお茶のことを知りたいと言っているから、知っていることがあったら話してやってくれんか……とでも交渉してくれたのであろう。庭の芝生に座ってあれこれ聞かせてくれた。

民族学に素人の私にはその道の専門的な手法は知らないが、物の本によると、「ミキリー族はモンゴリアン系で、日本人にも近く、アッサム初期の住民であったボド族の系統で、ナガ族とくにクキナガ族に近い生活習慣をもっている」という。言語もナガ族に近いというが、彼ら自身では「マーレング」ともいうようである。

いま、私の目の前に座っているミキリー族の一家は、どうみても日本のどこの田舎でもお目にかかることのできる顔だちである。

肌着以外は、布をそのまま巻付けて腰巻きのようにしている姿は、一昔の日本女性のそれに通じる。黒地に空色の縞が入った地味な紋様で、ミキリー族の特徴と思われる。上着にしているのは、空色の布切れを肩から斜めに巻いて右脇の下で止めている。これは日本的ではなく、むしろインド的といえる。しかし、これがミキリー族の一般的な服装であるという。一見、けばけばしさのない地味な服装である。

頭髪は黒く、瞳は私たち日本人同様、真っ黒より少し茶色がかった黒で、背丈も一メートル四〇～五〇センチ。近くに座っている主人も夫人同様まったく日本人と区別のしようがない。いろいろ聞いたことを整理してみると、次のようになる。

生業は大部分が農業で、なかにはほんのわずかながら鉄砲や槍を造っている人もある。そして民家は五～六戸ずつ集まっており、昔は木の上にあったというが、いまはアッサムの人たちと同じような家に住んでいる。

食べ物は何でも食べる。牛であれ豚であれ、ましてや鶏などはたいしたご馳走である。主食は米になっているが、山の中ゆえに充分にできないため、タロイモやヤムイモもよく食べる。半々くらいの割合で食べている。最近になってパンを食べる人もいるが、これはほんの一部の人である。野菜も何でも食べている。

飲み物としては、水がもっとも多く、お祭りとか結婚などのお祝い事のあるときには、米から造った酒を飲む。それも米が少ないため、あまりたくさん飲むことはできない。

お茶は昔から飲まない。近年になって紅茶を飲む人がいるが、砂糖やミルクは入らない。

この他に、「檳榔」の実をよく噛む。「ですから歯が皆黒くなります」といって、ニッと黒くなった歯を見せてくれた。

とうがらしは特別たくさんは食べないが、毎日少しずつ食べる。

茶の木については、「私たちは、ここから歩いて日暮れまでかかる所に住んでいますが、それまでのところには茶の木はありません」。

「ここから五～六キロ入った山の中です」とプーカンさんの補足説明があった。

時計はすでに三時近くになっており、「いまから帰っても六時近くになり、暗くなりますから、今回はこれで帰ってもらいましょう」ということで、もっぱら話を聞くだけで終わった。最後に、「あんたたちの歌をテープにとりたいんだが、唄ってくれませんか」。

プーカンさんに交渉してもらい、しぶしぶながらお祭りや豊年の祝い歌を二曲ほど唄ってもらうことができた。

今回の旅行では、アホム族、ナガ族、マニプール族そしてミキリー族の歌をテープにおさめることができたが、マニプール族とミキリー族の歌がもっとも日本的であったように思えた。

ミキリー丘の西のカシー丘、その西側にはガロ族が住むガロ丘があるが、このガロ族にも、伝統的な飲茶習俗はないようであり、アッサム地域での飲茶習慣は、東部のミャンマー、中国に近い方にわずかながら伝承している程度で、東アジアのような濃密な飲茶習俗は見られないようである。

◎チッタゴン丘の茶

マニプールに続いて南下すると、トリプラ州、そしてバングラデシュの「チッタゴン」、さらにビルマ領の「チンヒル Chin Hills」へと続く。

この地域は、イギリス統治時代にはインド領として一括されていたが、東パキスタンの独立分離、トリプラさらにミゾラムの州への分離独立等、複雑化し、人々の往来もままならなくなったが、かってはそれぞれの民族は自由に行き来しており、民族の交流も盛んであったところである。

この地方も、アッサム同様、山地民族、平地民族、それぞれ伝統文化に生きており、インド化、ヒ

図34　カチャール地方の茶畑

ンドゥー化の進む中で、伝統的な仏教あるいはイスラム教、さらに土着信仰に生きる人たちが多い。

　トリプラ州には、平地に近代産業として紅茶業が栄えているが、山間部には若干ながら山地民族の生活もある。しかし、カチャリ族同様、茶の文化は及んでいない。チッタゴン東部の山間には、チャクマ族を初めとするマルマ族、チッペラ族、タンチンギヤ族等々の山間平地居住民族と、ムロ族を初めとするクキ族、クミ族、ルシャイ族、チヤング族、リング族等々の山間山地民族が住んでいる。

第四章　アッサムとアホム王国

一　アホム王国以前のアッサム

十三世紀初期、アッサムにアホム王国が成立してからはアホム語およびアッサムミーズ語で書かれた「ブランジburanji」がアッサムの歴史を知る基本史料となっている。また十八世紀以降についてはイギリスの軍人、探険家、行政官、宣教師などが多くの記録を残している。

これに対して十三世紀以前のアッサムの歴史を裏付ける史料は乏しい。ただし、四世紀から十三世紀までについては、断片的な「銅板銘文Inscribed Copper Plates」(1)などの碑銘や外国の旅行者の記録たとえば有名な玄奘の『大唐西域記』等である程度知ることができる。

◎先史時代

人類学・民族学・言語学等の研究結果によると、現在アッサム地方に居住するインド・アーリヤ語

図35　ダフラ族の青年

族系民族、ドラヴィダ語族系民族、チベット・ビルマ語族系民族とオーストロ・アジア語族系民族の四語族系諸民族は、紀元前一〇〇〇年紀の前半までにアッサム・バレーや周辺山地に移住していたといわれる。

アッサム地方ではカシーKhasi語をもつ民族などがオーストロ・アジア語族系であるが、彼らはアーリヤ系やドラヴィダ系がインドに移動する以前にアッサムを含めインドにひろく展開していたと考えられている。

しかし、彼らがいつごろからインドに居住していたか、また移動して来たとした場合にどこからかということについては不明である。この語族が人種的にはプロト・オーストラロイド（原南方型人種）と密接な関係があることから東南アジア半島部方面からの移住との説がある一方で、メディタレーニアン（地中海型人種）と関連づけて西方からの移住説もある。

ドラヴィダ語族系民族が進出した後、紀元前一〇〇〇年ころまでにモンゴロイド系のチベット・ビルマ語族系民族がアッサム地方に広く居住するようになっていた。彼らは大きく三つのグループに分けることができる。一つはアッサム・バレーに進出したボドBodo族といわれるグループでガロ、カチン、ラブハなどの諸族が含まれる。また、アッサム・バレー北部の山地地方にはアカ、ダフラ、ミリ、アボールなど諸族が展開した。さらに、東南部のナガランド方面にはナガ諸族が移住してきた。

最後にアッサム地方に進出してきたのがインド・アーリヤ語族系民族（アーリヤ人）で、紀元前七～六世紀ころと推定されている。彼らはベンガル地方からバラモンを中核とした集団を構成して、順次アッサム・バレーに浸透してきたと考えられる。

◎叙事詩時代

古代のインド二大長編叙事詩の一つ『マハーバーラタ Mahabharat』では、アッサムはプラジョーティシャ Pragjyotisha として知られている。また四世紀ごろからヒンドゥー教の文献「プラーン Puran」と「タントラ Tantra」が多く編纂されたが、これらの文献ではアッサムは「カーマルーパ Kamarupa」と呼ばれている。その領域は文献によって異なるが、概略カーマルーパ王ナラク・アスル Narak Asur が都と定めたプラジョーティシュプール Pragjyotishpur（現ガウハッチ Gouhati）を中心にアッサム・バレー、ブータン、ベンガル東部一帯を占めていたと考えられている。

ところでプラジョーティシュプールのプラー Prag は「構成者、東方の former、eastern」を、ジョーティシャは「星、占星術、輝く star, astrology, shining」を意味するといわれる。

また、「カーマルーパ」という名称の起源はシヴァ Siva 神やヴィシュヌ Vishnu 神との関連で語られている。

図36　ヒンドゥー教の神々。中央がシヴァ神

「シヴァ神の妻サティSati神は、この結婚に反対だった父ダクシャDaksha神が夫シヴァ神に無礼な言動をしたことを苦にして亡くなってしまった。妻を亡くしたシヴァ神はその悲しみの余り、妻の亡骸を自らの頭に乗せて放浪した。シヴァ神の苦行を止めさせるためにヴィシュヌ神は、シヴァ神の後を追いサティの亡骸を手にした武器の円盤で粉々に打ち砕いてしまった。五十一個の塊となった女神の亡骸はばらばらになって地上に落ち、落ちた場所はいずれもその後に聖なる地とされるようになった。その中の一片ヨーニ（局所）がガウハッチGauhati近郊のカーマギリKamagiriに落ちた。この地に女神カーマキヤーKamakhyaを祀る寺院が建立され、シャクティSakti（性力）派の聖地の一つとなる。ところで、シヴァ神は妻の亡骸を失ってもなお苦行を続けたので、シヴァ神が超越した力を持

つことを恐れた他の神々は一計を案じ、愛の神カーマデーブ Kamadeb をシヴァ神のもとに送り、恋に陥れることによってシヴァ神の苦行を止めさせようとした。この計画は初めは成功したが、間もなくシヴァ神の知れるところとなり、怒ったシヴァ神は眉間にある第三の眼から猛烈な眼光を放ち、カーマデーブを焼いて灰にしてしまった。カーマデーブは結局元の姿に戻るのではあるが、この一連の事件が起った所が、カーマ kama（愛）、ルーパ rupa（姿）即ちカーマルーパであ る(2)」

なお、ヴィシュヌ神によってばらばらにされたサティの遺体の左足の下部はジャインティア Jaintia へ、頸部はシルヘット Sylhet 付近に落ちたとされている。

◎カーマルーパ時代

三二〇年ころにチャンドラグプタ一世 Chandragupta I がグプタ朝をたて、北インドを統一して四世紀後半から五世紀前半にかけてその全盛期を迎えた。その影響のもとでカーマルーパにもプシャヤ・ヴァルマン Pushaya Varman がヴァルマン朝を創始した。彼はカーマルーパの最初のインド・アーリヤ人の支配者とされ、カーマルーパの存在を古代インド政治史上に記録せしめた。彼がグプタ朝の創始者チャンドラグプタ一世と同じマーハーラジャーディラージャ Maharajadhiraja（諸王の大王）と称したのは、カーマルーパが政治的にグプタ朝からの独自性を保持していたことを示している。

ヴァルマン朝はプシャヤ・ヴァルマンから七世紀前半のバハースカラ・ヴァルマン Bhasukara Varman

まで続くが、この間、グプタ朝の衰退に伴ってその政治的独立性を強めてインド北東部の覇権を確保していた。ヴァルマン朝のなかでもっとも著名な王は最後のバハースカラ・ヴァルマンである。彼は、当時混乱していた北インドを統一したハルシャヴァルダナHarsavardhana王と同盟関係を結び、事実上、インド北東部の支配者としての地位を確立した。

六四四年春、バハースカラ・ヴァルマンは当時カーマルーパを訪れていた中国の僧玄奘とともに、ハルシャがカナウジKanaujで催した集会に赴いている。このとき、バハースカラ・ヴァルマンは武具をつけた五〇〇〇頭の象隊を率い、ガンジス川左岸を九〇日かけてカナウジに入っている。この出来事は年代が不明瞭なヴァルマン諸王のなかで唯一年代が明確となる重要な出来事といえる。

この時代のカーマルーパの支配領域はアッサム・バレー、ブータンと北ベンガルおよびマイメンシンMymensingh（現バングラデシュ）の一部分であったと思われる。

その後、スタムバハStambha朝、パールPal朝と続くが、次第にその勢力範囲が西方に傾斜して、ダルマ・パールDharma Palのときには従来カーマルーパの西部国境とされていたカラトヤ川をこえたといわれている。反面、東部の支配権は弱体化している。ブラマプトラ川の支流スバンシリ川Subansiri以東の上アッサムにはチュティヤ族Chutiyasが、その西のアッサム中部ではブラマプトラ川南岸にはカチャリ族がそれぞれ独立した支配権を確立しており、これらと接するカーマルーパ東部ではブーイヤーBhuiyasと呼ばれる弱小首長群が割拠していた。

彼らはそれぞれ支配地域の独立性を主張しながらも外部からの脅威に対しては団結して対抗した。

カーマルーパに強力な王権が出るとこれに従属し、弱体な王権になると服属を拒否した。こうしてカーマルーパ王国の東部一帯はその支配権から事実上離脱していた。

十三世紀になるとアッサムの政治地図を塗り替える二大事件が惹起した。一つは西部で起きたベンガルからのイスラム勢力の進出であり、他の一つは東部へのタイ Thai 系民族の浸透である。

アッサム・バレー西部に進出したイスラム勢力はそのころは旧カーマルーパ王国西部にカーマタ Kamata として存続していた王国を一時的に支配するが、十三世紀後半にはベンガルに後退する。しかし、その後もカーマタ王国のケーン Khen 朝とそれに続くモンロドイド系のクーチ Koch 族によるクーチ王国の盛衰に影響を及ぼし続けた。

他方、アッサム・バレー東部に浸透したタイ系民族のアホム族はその後次第に上アッサムに勢力を拡大、現在のシブサガル Sibsagar 付近を拠点にアホム王国を建国、既存の政治勢力チュティヤ、カチャリ、カーマタ、クーチ各王国、周辺山地諸族、そして東進を繰り返すイスラム勢力等を抑えて、アッサムの覇権を獲得していくことになる。

二　アホム王国の盛衰

◍アホム族

中国の雲南省周辺を故地とするタイ系諸族は、漢民族の圧迫を受け次第に南方に移動、八世紀ごろからその動きは激しくなり、南中国からベトナム、ラオス、タイ、ビルマ（現ミャンマー）と各地に移住したが、とくに十三世紀は「大いなる沸騰」といわれるほどその活動は活発になった。その西方への波及の先端がアッサムであり、その担い手が「アホム Ahom 族」である。

アホム族を率いてアッサムに入ったスカーパー Sukapha は一二二八年王を名乗るが、それから約六〇〇年間、アホム族はアッサム地方に君臨することになる。

アホム族が入った当時のアッサムは、見渡す限り一面がジャングルであり、彼らはブラマプトラ川に流れ込む支流のほとりや、小高い丘陵地を中心に開発して稲作を中心とした農村社会を形成していったと思われる。水稲耕作を主たる生業とする社会がタイ系諸族社会の共通点であり、アホム族もこの例に漏れない。

アホム王国の建国者スカーパーは一二一五年、故地マウルン Maulung を出て、ディヒン川 Dihing に至るもここに定着せず、一二四〇年には数年間滞在したムンクラン・チェクル Munklang Chekhru は洪

図37　アホム族の旧王城

図38　竹筒飯を作るアホム族の女性

水に見舞われて放棄、ハーブンHabungに移動して生活を始めるも一二四四年ここでも洪水に見舞われて退去、さらに適地を求め流浪の末にやっと一二五三年チャライディオCharaideoに定住の地を見つけたとされている。

一二一五年から一二五三年までの間、居住適地を求めて移動を繰り返したことは、彼らの農業技術がブラマプトラ川本流のような大河川の氾濫原を利用するものではなく、中小河川を統御する灌漑土木技術に依存したものであったことを示す。

アホム族は彼らの王家の系譜に関する神話を持つが、司祭が語るその天孫降臨神話はビルマ北部のシャン族と共通のものであるといわれる。その概略は次のようである。

「さて、レンドンは息子テンカムThemkhamを地上に降ろして、王国を造らせようとしたが、テンカムは気がすすまず、代わりに息子のクンルンKhunlungとクンライKhunlaiを行かせることにした。レンドンはソムデオSomdeo像、ヘンダーンHengdan剣、神の加護を求める時に使う太鼓二つ、吉凶を告げる四羽の雄鶏を与えた。クンルンは王に、クンライは大臣になることになった。二人は天上から鉄の鎖（黄金の鎖ともいう）で地上に降り、ムンリムラムMungrimungramに至った。この地はタイ族（シャン）が王を持たずにいた。兄弟はこの地に町を造ったが、弟クンライは兄を力ずくで追い出してしまい、兄クンルンはソムデオを携えて西方に逃れてムンクムジャオMungkhumungjaoと言う王国を新たに建てた。彼には七人の息子がいたが、末子が彼の後継者となり、その他の息子達は属国の王となった。その内で長男はムンカンMungkangの国王となり、ソムデオを受け継いだ。

一方、簒奪者クンライの支配するムンリムラムでは、息子のティオアイジェプティアットパTyaoaijeptyatphaが彼の後を継ぐが、彼の死後は後継者が絶えた。クンルンの系統がその空位となった王位を継承するが、まもなく国はムンリムラムとマウルンMaulungに分かれた。アホム王国の創始者スカーパーはこのマウルン国王の系譜から出ている。スカーパーは兄弟と争い、ムンカン王からソムデオを盗み出し、アッサムに逃れた(3)」

彼らの移動は、略奪を事とする動きではなく、植民を目的とした移動であった。彼らは「ブランジ」に見られるように開明的な民族で、生産技術・行政組織・軍事組織等においていわゆる国家経営力を獲得・保有し、建国後も民族的伝統に裏付けられた国家経営を維持した。

◎初代スカーパー

スカーパーは、一二一五年マウルンを離れフーコン谷Hukong valleyを経てパトカイ山脈Ptkaiに入り、ノンニャン湖Nongnyangに至った。この湖は、一四〇一年アホムとビルマ北部に居住する同族シャンとの国境をパトカイ山脈とする和平条約を締結する舞台となっている。スカーパーは抵抗するナガ族を破り、上アッサムに入った。

スカーパーは、チャライデオCharaideoに町を建設し、神に二頭の馬を捧げて盛大な祝賀式典を催している。また、故郷の地で採用されていた例にならって、王を補佐する大臣を二名、すなわちブルハ・ゴハインBurha Gohainとバル・ゴハインBar Gohainを置いて、アホム王国の第一歩を踏み出した。チャライデオは、その後、歴代の王が即位の大典を挙行する町とされ、そこでブラマクンドBrahma Kundから運ばれた聖なる水で身を清める儀式を行わない限り、アホム族の正統な王とはみなされないようになった(4)。

◎十三世紀から十五世紀

この間、勢力範囲は上アッサムに限定されていた。周辺の諸王国チュティヤ、カチャリ、カーマタと紛争・交戦はあるが圧倒的な軍事的勝利や領域の拡大は見られない。アッサムにおける諸王国の一つとしての地位を維持していた時期である。

外交面では、出身地の上ビルマにあった同族王国との交渉に重点が置かれている。アッサムに進出以降、アホム族はビルマの同族と盛んに交流を継続しており、これら王国間の調整がこの時代のアホム王国の外交課題であったと思われる。

この間の一般庶民の生活については判然としないものがあるが、記録に残るような事件がないことや十六世紀に入っての急激な領域拡大などからみると安定した社会であったことがうかがわれる。ただし、活動の舞台がいわゆるアッサム種の茶樹の自生地域でありながら、茶に関する記録は皆無である。

十六世紀

アホム王国にとって十六世紀は周辺諸王国との抗争が連続した時期である。北東のチュティヤ王国、アッサム中央部のカチャリ王国、下アッサムの強国クーチ王国がそれぞれ独立性を強め勢力の拡大を図るいわば戦国時代であった。アホム王国はこの抗争のなかで徐々に支配領域の拡大に成功している。間断なく続く周辺諸国および諸勢力との抗争の間に、アホムの統治機構は次第に整備され、同時に国内の経済も発展していった。こうして、上アッサムに強固な支配権を確立したアホム王国は、十七世紀に入ると西方からの強力な政治的圧力を受けることになる。

十七世紀

この世紀は、隣国クーチ王国の内紛へのムガル帝国の介入に端を発したアホム・ムガル戦争で終始した。この戦争は、一六一五年ムガル軍のアホム進攻に始まり一六八二年アホムによるガウハッチ占領に終わるが、間断のない戦闘の連続ではなく間欠的な戦争であった。

その理由は、この地方では長い雨季の間はまったく軍事行動を行なうことは不可能であり、そのうえ多量の兵員や軍需品の集積と水運による輸送には長時間を要したという自然条件にあった。個々の戦闘の間では、戦闘能力の回復のための時間稼ぎとして偽りの和平を交渉したり、締結をすることがしばしば見られるのはこのためである。

結局、ムガル帝国とアホム王国はモナス川Monasを両国の国境とすることで戦争の幕を引くのであるが、これはアホム王国の内政重視への政策転換から導き出されたものである。

十六世紀末から十七世紀中ごろにかけて、東インドではヴァイシュナヴァ派Vaishnava sectのバクティ運動、なかでもチャイタニア派Chaitanya sectが広まっていた。チャイタニア派を創始したチャイタニア（一四八五～一五三三）は、ベンガルのバラモンの出で、一五一〇年出家してオリッサ州の海岸にあるプリーに隠棲し、ここで亡くなっている。彼のクリシュナ神に対するバクティは情熱的・情緒的で恍惚的バクティといわれる。この運動はベンガルの地に宗教改革の波を引き起こした。

バクティは己を空にしてただひたすら神に信愛と敬意を表す信仰であり、それは信者個々人が神と対し、神と交渉をもつことである。それは体系化された祭式をもち司祭者が神と信者との仲介をするという組織的な信仰形態とは異なるものであり、それ故にバクティの強調は正統ヒンドゥー教からは忌避され、反面、信仰の民衆化をもたらすものであった。

この運動はカースト制を否定し、讃歌を民衆の言葉で唱え、ヴィシュヌ神の前の平等を説いた。このため、信者は経済的実力に相応する社会的地位が認められない商人層や社会の底辺を占める下層民が中心であったといわれる。

ところで、アッサムでは十六世紀前半にチャイタニア派に属したサンカル・デブSankar Deb（?～

一五六九）がヴァイシュナヴァ派の宗教改革運動を広めた[5]。

ノウゴン Nowgong の出である彼は、最初アホム領内でヴィシュヌ神へのバクティを説いたが、正統バラモンの敵意にあってアホム王国を離れてクーチ王国に移り、寛大な国王ナル・ナラヤンの庇護のもとで布教に努めた。彼の死後、弟子たちは多くの派に分かれたが、そのなかでもマドハブ・デブ Madhab Deb は師より名声が高かったといわれるが、アホム王国内にあって積極的に布教をすすめ、十六世紀後半のスクラムパー王の時代にはすでに多くの信者を得ていた。

図39　檳榔の林（上）と檳榔子の売店

サンカル・デブのもとにいた上アッサム出身のアニロドAnirodhという人物が、師と争い師のもとを離れて上アッサムに戻り、ここでモアマリア派を創設した。この派をモアマリアと呼ぶのは、アニロドの直弟子たちが湖のほとりに住み、その湖からモアMoaという魚を取っていたことに由来するといわれている。この派は、上アッサムの下層民であるドム、モラン、カチャリ、ハリ、チュティヤなどに信徒を獲得していった。彼らはバラモンの権威を否定し、ヒンドゥー教を頂点とする社会構造に対して嫌悪感を持っていたことから、王権と結合したヒンドゥー教の教派や王権から白眼視され、迫害されていた。そして、この派が十八世紀に反乱を繰り返しアホム王国を衰退に導くのに大きな役割を果たすことになるのである。

ところでこの時期のアホム社会の具体的な状況が明らかになっている。それは一六六二年、ムガル軍のミル・ジュムラがアホムの首都まで遠征をしたとき、シハブウッディンShihabuddinという人物が同行し、アホム社会全般にわたる詳細な記録を残しているからである。

これはゲイトの『アッサム史』に詳細に紹介されているが、こと茶に関してはまったく言及がない。一方、檳榔については次のように記している。

「アホムの人々は頻繁にキンマの葉を皮を剥かない未熟な檳榔の実といっしょに噛む。They chew large quantities of betel leaves with unripe areca nuts of which the rind has not been removed.（中略）八〇年前に埋葬された或る王妃の墓から黄金造りの檳榔入れが発見されたが、なかのキンマの葉がいまだに青々していたのには驚いた(6)」

このことからアッサム・バレーは当時も茶文化圏外にあり槟榔文化圏に属し、しかも日常の嗜好品であるばかりでなく冠婚葬祭用の必需品としてアホム社会に根をおろしていたことがうかがわれる。なお、檳榔は今日でも利用されており、一九九五年のアッサム訪問のとき、檳榔を口にした若者や街頭でこれを売っているところを見かけた。

◎十八世紀前半

この時期、スタンパー王 Sutanpha とスネンパー王 Sunenpha の時代は平穏無事な状況であった。国際的にも王国を脅かす勢力は存在しなかった。ムガル帝国は衰退しイギリスを始めヨーロッパ勢力の進出に脅かされており、ビルマでは後日アッサムに進出してくるビルマ最強のアラウンパヤー王朝はいまだ成立していなかった。ちなみにこの王朝の成立は一七五二年のことである。

したがって、対外的には大きな問題は生じず、国内的には周辺山地民族の略奪とこれに対する懲罰という軍事行動が若干行なわれたが、おおむね平穏で経済も発展し、人々は繁栄を享受していた。しかし、安定と平和はアホムの人々に民族的意識を鈍らせ、民族的誇りを喪失させていった。一七六九年、モアマリア派反乱軍が国王軍を破り首都に迫ったとき、国王を始め貴族の大多数がさっさと首都を放棄してガウハッチに向けて逃亡を図ったことは象徴的である。

注

（1）E. A.Gait A History of Assam, 1905, [reprint, Thaxker Spink & Co. (1933) P. Lit., Calcutta, 1967] p.22

（2）Ibid., pp.11－12

（3）Ibid., pp.74－77

（4）E. A. Rowlatt Report of an Expedition into the Mishmee Hills to the north-east of Sudyah [Verrier Elwin, India's North-East Frontier in the nineteenth century, 1959, pp.323-324]

（5）辛島昇編『インド世界の歴史像　民族の世界史七』山川出版社　一九八五　二六二頁

（6）E. Gait, op.cit., pp.150-153

第五章　転換期のアッサム

一　モアマリア派の反乱

アホム王国は十八世紀後半に至ると重臣間の権力闘争、宗教紛争、周辺山岳民族の侵入・略奪等が続き、その支配力は衰退していった。とくにモアマリア派 Moamarias の反乱は大規模かつ長期にわたり、その結果、イギリス、ビルマ等外国勢力介入を招来するという危機的状況をもたらした。そして、後日、インド茶業発祥の地となるサディヤやマタック地方は事実上アホム王国の支配から独立し、地方首長の支配するところとなった。

スネオパー Sunyeopha（ラクシュミ・シン Lakshmi Singh 一七六九〜八〇）治下の一七六九年モアマリア派最初の蜂起が発生した。

一七八〇年十一月、王となったスヒットパーンパー Suhitpangpha（ガウリナータ・シン Gaurinath Singh 在位一七八〇〜九五）もまたモアマリア派に対して厳しい態度をとったことからまたもやモアマリア派の反乱を引き出すことになった。

小規模な反乱のあと、一七八六年ロヒット川Lohit[1]北岸で大規模な反乱が発生、派遣された鎮圧軍を次々と撃破してランプールに迫った。パニックになった王は多くの官僚達と共にガウハッチに逃亡してしまった。上アッサム各地に自称王と名乗るものが群出、政治情勢は混沌としてきた。国王スピットパーンパーは周辺諸国に援軍を求めるが、諸国の王は旧敵の危機的状況を歓迎こそすれ援軍を出すことなど考えられなかった。

一方、スピットパーンパー王はダラン**Darrang**の王ハンサ・ナラヤン**Hangsa Narayan**を十分な証拠なしに反抗的行為があったとして処刑、その王位をハンサ・ナラヤンの息子クリシュナ・ナラヤン**Krishna Narayan**の抗議を無視してビシュヌ・ナラヤン**Bishnu Narayan**に与えた。この処置に怒ったクリシュナ・ナラヤンは王位奪還のためベンガル地方で兵を集めて、これをもってビシュヌ・ナラヤンを追放、自らダラン王を名乗るとともに兵を進めてガウハッチ北岸まで迫ってきた。

これに対してスピットパーンパー王はイギリスに援助を求めた。時のベンガル総督コーンウォーリズ**Lord Cornwallis, the Governor-General**はこの事態はイギリス領で募集された匪賊集団が引き起こしているものであり、秩序を回復することが総督の義務であるとの判断から、集団の首長達にイギリス領への帰還を指示した。しかし彼らは総督の指示に従うことを拒否、ここに総督は実力による秩序回復を決断した。これがアホムとイギリスとの最初の政治的接触であるが、この時点ではイギリス側にはアッサムの政治に積極的に介入する姿勢は見られない。

二　ウェルシュのアッサム介入

一七九二年九月、ベンガル総督はウェルシュのひきいるセポイからなるイギリス軍をゴアルパーラに派遣した。

ウェルシュに与えられていた命令はまずゴアルパーラに進み、そこで綿密な調査をして報告書を総督に送ることで、以後の詳細な指示はその報告書をみてから総督が発することになっていた。同年十一月ゴアルパーラに着いたウェルシュは、諸々の情報から事態はカルカッタをでるときに考えていたよりも深刻であることを知り、カルカッタからの指示を待つことなく早急な軍事行動が必要と判断した。彼は、ガウハッチに向けてブラマプトラ川を遡上し始めた。途中数隻のカヌーに遭遇した。そのカヌーには前日ガウハッチから逃げ出してきた王とその側近たちが搭乗していた。

ところで、王の逃亡の原因は実はガウハッチに迫っていたクリシュナ・ナラヤンの圧力ではなく、漁師の集団が町を襲い王宮の近くに火を放ったことによるものであった。ある意味では些細な騒動ではあったが、王や側近の恐怖心は極限に達し、まったくこれを防ぐことをせず慌てふためいて逃げ出してきたのであった。ウェルシュは軍を進め十一月末にはガウハッチを平静にするのに成功した。

続いてクリシュナ・ナラヤンや彼がベンガルから雇い入れたバルカンダズ barkandazes との交渉も始めた。

この時点でウェルシュに与えられた命令すなわちクリシュナ・ナラヤンがベンガルで雇い入れた略奪集団を鎮圧するという目的は達成されたことになった。ウェルシュにはそれ以上のこと、すなわち上アッサムのモアマリア派に対する何らかの行動と取ることは指示されていなかった。しかし、アホム王は自力でその権力を維持することができず、イギリスの庇護と政敵に対抗するためイギリス軍の援助を求めた。ウェルシュ自身はこの要請を受け入れることに積極的であり、そのための増援軍の派遣を総督に求めた。総督コーンウォーリズはウェルシュのそれまでの行動を高く評価したが、派遣軍の行動範囲拡大の前にまず王をして柔軟な手法で反乱を鎮静化させるように指示した。

総督コーンウォーリズは本国の監督庁から総督在任中は会社の利益を損なうような征服・侵略を厳禁されていたため、でき得るかぎりインド各地の紛争に介入しないよう努力していたといわれる(2)。

彼はアッサムにおけるウェルシュのこれまでの軍事行動は評価しても、現地での突出した軍事行動の拡大には強い警戒心を持っていた。同時にインド東北部奥地が総督および東インド会社にとって利害の稀薄な地方であったことも消極的であった理由の一つと思われる。

一方、前にウェルシュは中央からの指示を待たずゴアルパーラからガウハッチへの軍事行動を取ったのと同様、今回も軍事力を背景に国王統治の安定に向け積極的な介入策をとった。

しかし、この作業はウェルシュの想像以上に困難であり、貴族・首長らの忠誠心は薄く、以前に彼が罷免した高官たちの陰謀も企図されていた。そこで彼は彼らをベンガルに追放するといった強硬手段をとるにいたり、これにより高官たちのウェルシュに対する支持が高まり、ほぼ彼の指示に従うよ

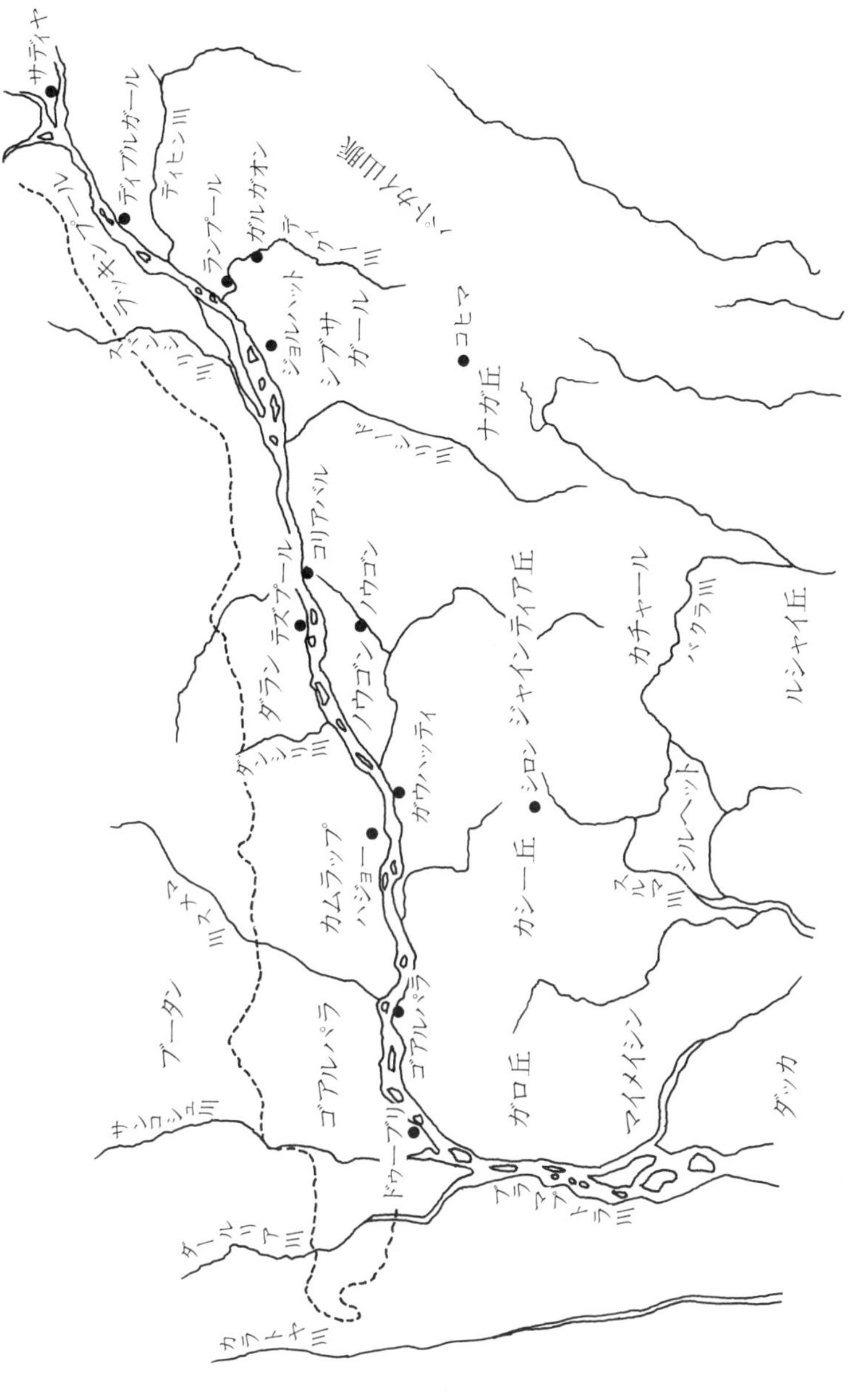

図40　19世紀のアッサム

うになった。ただし、アホム国王にではないことに注目する必要がある。すなわち、ウェルシュの意図がどこにあったかにかかわりなく、彼は事実上の下アッサムの支配者となったのである。このことは総督および会社の意図に反するものであり、将来総督や会社の方針が変わらない限りイギリス軍の撤退、そしてその後のアッサム政治の従前にも増した混乱が予定された。事実、その後のアッサムはイギリス軍の撤退、内紛再発、ビルマの介入そして占領へと荒廃の一途をたどることになる。

ところで、下アッサムの政治情勢の安定に成功したウェルシュは、一七九三年秋からモアマリア派への本格的な進攻作戦への準備に取りかかったが、ここで問題となったのは王の政治力であった。彼は過度の阿片吸飲による中毒で心身ともに正常な状態ではなかった。また、彼はウェルシュの持つ小規模な軍事力でモアマリア派の大部隊を撃破することができるか疑っていた。

一七九四年一月、軍事行動が開始され、三月イギリス軍および王はランプールに入った。モアマリア派は町を放棄していたが急な撤退であったため、後に大量の穀物やその他の物資を遺棄していった。この戦利品は売却され、総額一一万七三三四ルピーが兵に報奨金として分配された。ただし、このことについては後日ウェルシュは総督から厳しい譴責を受けることになる。

四月、モアマリア派に対する軍事行動を開始した直後、総督からのこれ以上の進撃の禁止命令が届きランプールへ戻ることになった。

この前の一七九三年十月、ベンガル総督の交代があり、コーンウォーリズからジョン・ショアー John Shore に代わっていた。ショアーは一生を会社で過ごして来た人物で、穏やかな性格で礼儀正しく税制に通じた能吏であった。彼は徹底した不干渉主義をとり、当時会社の商業活動専念への傾斜を強くしていた役員達の要望に答えた。アッサムの場合もこの例外ではなかった。

ところで独断専行の点が多いけれどもウェルシュのアッサムでの業績には顕著なものがあり、王権の維持、反徒の鎮圧、国内秩序の回復等はアホム王権の延命をもたらした。しかし、これはイギリスの軍事力を背景としたもので、イギリス軍の撤退は直ちに旧態以前とした状況に逆戻りすることは、王や側近のみならずウェルシュ自身も認めるところであった。ウェルシュは次のように報告している。「もし派遣軍が撤退すれば、混乱、荒廃が生じることは確実である」(3)と。こうした王やウェルシュの要請にもかかわらず、総督ショアーはウェルシュに今後いっさいの積極的行動を禁じ、遅くとも七月一日までにはイギリス領内に帰還することを命じた。

一七九四年七月三日ウェルシュはイギリス領内に戻った。

三　内紛再発とビルマの介入

ウェルシュの予期通りイギリス軍の撤退直後、王はランプールを放棄、ジョルハットに遷都した。四散していたモアマリア派の反乱軍は再集結しランプールを再び占拠してしまった。

ジョルハットではウェルシュ滞在中に彼の指揮下で統治に当たった官僚に対する王の報復が始まり、彼らは解任、投獄、処刑の運命をたどった。また、モアマリア派への弾圧、追求も過酷を極め、追求の手を逃れるため自殺者が続出したといわれる。こうしたことから地方への中央の統制力は弱体化、ガウハッチのバル・プーカン職などは売買の対象とされるなど政治は混乱に陥った。

一方、上アッサムの最深部にあるサディヤは、一七九四年カムティ族Khamtisによって占拠された。彼らはアホム王権の認可をうけ、モアマリア派の支持のもと支配権を獲得し、その首長はサディヤ・コワ・ゴハインを自称していた。

こうした政治的混乱のなか、一七九四年十一月十九日スピットパーンパー王は死亡した。ブルハ・ゴハインは政敵を排除して、スクリンパーSuklingpha（カマレスヴァル・シンKamalesvar Singh　在位一七九五～一八一〇）を擁立した。彼は、先王時代に王に見捨てられ他の貴族の援助もなく独力でモアマリア派の反乱軍と四年間対抗してきた有能にして精力的な官僚であった。今は王の支持もあり、国内秩序の回復と維持に全力を注ぐことができた。スクリンパー在位の前半、各地にモアマリア派や山岳民族の蜂起が続発したが、ブルハ・ゴハインの創設した常備軍の活躍により鎮圧された。彼の信賞必罰的政策は効果的で、国内に一時的な平穏と繁栄をもたらした。ランプールはモアマリア派の手から解放され、ジョルハットは新しい町に生まれ変わった。彼は優れた軍事指導者であるとともに有能な行政官でもあったといえる。

一八一〇年、王が天然痘に罹り死亡すると、王位継承を巡る内紛がはじまった。ブルハ・ゴハインの政敵は彼を王権の簒奪者であるとしてベンガル総督にイギリス軍の派遣を求めた。

時のベンガル総督ヘースティングズFrancis Rawdon（Hastings　在任一八一三～二三）がこれを拒絶す

ると、今度はビルマにおもむきアラウンパヤ王朝の支援確約を得ることに成功した。一八一六年暮、ビルマ軍がアッサムに向け出発、翌一八一七年四月、ビルマ軍は傀儡政権を立て、莫大な報酬を獲得していったん帰国した。

ビルマ軍の撤退後間もなく、宮廷内での権力闘争が始まった。一八一八年、第三十三代スラムパー（ラジェスヴァル Rajesvar Singh　在位一七五一～六九）の血を引くプランダール Purandar Singh が王となると、再びビルマ軍が派遣されることになり、ミンギ Ala Mingi の率いるビルマ軍は一八一九年二月アッサムに入った。

王プランダールはイギリス領内に逃げ込んだ。彼は東インド会社の支援を要請、王位回復のために年三〇万ルピーの上納とイギリス派遣軍経費の全額負担を申し出た。総督の返事は以前同様援助を拒否するものであったが、傀儡王スディンパーとビルマ軍が要求した逃亡者引き渡しには応じなかった。そのスディンパーもビルマ軍と衝突してイギリス領内に逃げ込んだ。ビルマは王としてジョゲスヴァル・シン Jogesvar Singh を擁立した。

一八二四年、第一次英緬戦争が勃発、これ以降アッサムはイギリスの版図に含まれることになるが、ウェルシュの遠征からここまでの間で、インド茶業発展にとって注目すべき事柄が起きている。

その一つは、インド自生茶種いわゆるアッサム種の最初の発見者となるロバート・ブルース Robert Bruce の登場である。前述のように一八一九年ビルマ軍に敗れたプランダール・シンがブータン領内で再起を図っていたとき、彼に軍需品を提供した人物としてブルースが登場している。ブルースは東インド会社の許可を得て、カルカッタで小火器や弾薬を集めてプランダールに与え、自ら軍を率いて一八二一年五月アッサム領内に進攻してスディンパー軍と交戦した。戦いに敗れたブルースはスディンパー軍に捕らえられたが、スディンパーを支援する約束を取りつけて釈放された。同年九月スディンパー軍がビルマ軍に敗れイギリス領内に逃げ込むと、またカルカッタで小銃三〇〇丁と大量の弾薬を集めてスディンパーに提供、これをもってスディンパーは翌年一月にはガウハッチの再占拠に成功している。

ブルースは翌一八二三年ビルマ支配下のガルガオンにはいり、ここでインド自生茶を発見することになる。彼のガルガオン入りの目的は表面上は交易となっているが、この年の後半にはビルマとイギリスとの間には軍事衝突がはじまるという政治的緊張状態のなかでは交易の拡大は期待しがたく、彼の真の目的は判然としない。このことが彼の情報機関説もでる理由である。

次にインド茶産業発祥の地マタック地方の政治情勢についてである。モアマリア派を中心とする反乱は国内に大混乱を引き起こしたが、この混乱のなかで唯一政治的安定を維持し、ビルマ軍の占領をも免れた地方がある。これがマタック地方である。

ブマプトラ川とブリ・ディヒン川 Buri Dihing にかこまれた地域で、バル・セナパティ Bar Senapati を指導者とするモアマリア派が居住しており、この混乱期にも独立を維持し続けた。彼は、孤立無援のなかで上アッサムを死守したブルハ・ゴハイン・プルナーナンダからバル・セナパティという称号を与えられた人物の息子であった。彼は有能な指導者で、ビルマ軍の占領やジュンポー族の襲撃を防ぎ、その支配地域の独立を維持した。彼がビルマ人を雇ってビルマ王朝との接触を保ち、ビルマ側に不満を持つ余地を与えなかった。

マタックという呼称は、ジュンポー族がアッサムに侵入したとき、腐敗したアホム王権が支配している地方の住民よりもここの住民ははるかに頑強に抵抗したことから、ジンポー族は「強力な」を意味する言葉「マタック Matak」で彼らを呼び、アホム王権下の人々を「弱い」を意味する言葉「ムルロン Mullong」で区別したことからであるといわれる。また、バル・セナパティは古来サディヤ地方に居住していたチュティヤ族出身であるともいわれている。

しかし、この地方の政治的自立はそのおかれた自然条件に寄るところが大きいといわざるを得ない。ゲイトは次のように説明している。

「実際のところ、ここマタックが攻撃されなかったのは、周りがジャングルに覆われ、よそ者を引きつけるような豊かさがなかったからである[4]」と。

他の地方に比較して経済的に貧弱であったことが外敵を誘い込まず、独立と平和が維持し得たのである。この政治的自立と社会的安定こそがその後の経済的な地域開発、すなわちインド茶産業の苗床となったのである。したがって茶産業が緒につき、この地域の経済的価値が認められてくると外部の積極的な介入が進められることになる。

四　第一次英緬戦争とアッサム

◎第一次英緬戦争

ビルマでの最後で最強の王朝であるアラウンパヤ Alaungpaya 王朝（別名コンパウン王朝）が成立したのは一七五二年のことである。この王朝は東はタイのアユタヤ朝を圧迫、西ではアッサムやマニプールの政争に介入、北から侵入した清軍を撃退し、南方では独立を維持していたアラカン王国を征服して、十八世紀末ころにはインドシナ半島の覇権を手中にしていた。しかし、第五代の王ボドーパヤ Bodawpaya（在位一七八二～一八一九）が一七八四年アラカンを占領、翌年アラカンの最後の王タマダ Thamada（在位一七八二～八五）を廃してアラカンをビルマに併合したことが国運を傾けることになった。すなわちインドに確固とした地位を確立したイギリスと直接に国境を接することになったからである。

一方、十九世紀初期アッサム地方では内紛が頻発、係争者達は東西の強国ビルマとイギリスに支援を求めることが多くなった。当時イギリスはインドでの権益確保に主眼を置いていたため、こうした紛争への介入には消極的であったことは先述のとおりである。これに対してビルマは積極的に介入した。

アラウンパヤ朝六代の王バジードBagyidaw（在位一八一九～三七）のときにはアッサムを支配下にしていた。マニプールでは、ジャイ・シンJai singhが一七九九年死去した後、王位継承をめぐって巡って内紛が生じた。ビルマはこれに積極的に介入しその結果、マニプールはビルマの占領するところとなり、さらにカチャールの併合を目論むようになった。

こうしたアッサムを巡るビルマの積極策は西部のアラカン地方でも表面化してきた。ビルマのアラカン併合はイギリス領チッタゴンChittagongと接することになるが、チッタゴンに亡命したアラカン人はここを根拠地にアラカンでの抵抗を続行していた。アッサムのアホム王族の抵抗に対してと同様、ビルマはイギリス領内の亡命者を引き渡すことをイギリスに要求、両者の関係は悪化の一途をたどった。加えて両者の間にはナーフ川航行船舶課税問題が起こっていた。アラカンとチッタゴンの境となっていたナーフ川Naafを航行する商船すべてから通行税徴収をビルマが要求、イギリスがこれを拒否するという事態に、さらにナーフ川中の島の所有を巡る両者間の紛争が加わり対立は激化した。

ついに一八二三年九月ビルマ軍は軍事行動をおこしナーフ川を渡河、イギリス領に進攻してイギリス軍を破るという事態になった。同時にアッサムでも軍事行動をおこし、三方面からカチャール進攻を企てた。

こうした国境での軍事衝突をうけて、ベンガル総督アマーストWilliam P. Amherest（在任一八二三～二八）はビルマに対して宣戦布告した。一八二四年三月五日のことで、以後一八二六年二月まで続く第一次英緬戦争の開始となった。

図41　19世紀のビルマと周辺諸国

イギリス軍は、ビルマ軍の予想以上強力な抵抗、補給物資の遅延、疫病の流行に悩まされながら、やっとビルマに戦闘終結を決意させたのが、一八二六年二月二十六日のヤンダボでの講和条約であった。いわゆるヤンダボ条約の締結である。

ビルマは、賠償金一〇〇〇万ルピー（一〇〇万ポンド）の支払い、テナセリム Tenasserim とアラカン地方の割譲、アッサム、マニプール、カチャールに対する諸権利放棄、イギリスとビルマ駐在官のカルカッタ、アヴァへの相互駐在承認、マニプール王としてガンビールの承認等を確約した。

こうして「東インド会社の軍が戦うように要請された作戦の中で、おそらくもっとも悲惨であった戦争」[5]、「インド経営史上もっとも金のかかった、やっかいな戦争」[6]は終わり、イギリスはベンガル湾の支配権を掌握することになった。しかし、一三〇〇万ポンドの戦費、二万人の犠牲は、インド政庁の財政を著しく圧迫するものであった。

一方、ビルマも賠償金支払いで財政が圧迫され、今まで以上にイギリスに対して強硬な態度をとるようになった。バジードは廃位され、彼の弟タラワディー Tharrawaddy（在位一八三七～四六）が王位を継承すると、彼は首都をアマラプラ Amarapura に移し、ヤンダボ条約の承認を拒否した。両国の関係は疎遠となり、一八四〇年にはイギリスのビルマ駐在官事務所は閉鎖された。これが一八五二年の第二次英緬戦争の伏線となるのである。

◎戦争下のアッサム

第一次英緬戦争中のアッサム地方の状況は次のようであった。

宣戦布告前にゴアルパラに三〇〇〇人の兵員、若干の砲と砲艦で構成された小船団が集合していた。宣戦布告後これに対してアッサム・バレーのビルマ軍撃退の命令が出された。これがジャングルや湿地帯を抜けてガウハッチに到着したのは三月二十八日のことであった。ビルマ軍はガウハッチ周辺に強力な防衛線を構築していたが、多くの脱走兵、ビルマ戦線への移動、カチャール作戦等で戦力の弱体化が著しく、戦わずして上アッサムへ撤退した。イギリス軍は道路事情の情報不足、物資補給の問題などからガウハッチに駐屯することになった。

雨季が終わった十月末にイギリス軍は前進を再開した。ブラマプトラ川を遡上するが、急流のためその前進速度は非常に緩慢であった。一八二五年一月にビルマ軍は兵力をジョルハットに集結した。この時点でビルマの傀儡政権で内紛が発生、政権はジョルハット防衛をあきらめて、ランプールに後退した。

雨に悩まされながらもイギリス軍は一月十七日ジョルハットに入った。砲艦に護衛された軍需品運搬船団はディクー川 Dikhu の急流のため遡上できずにその河口で停泊、そこからは陸路運搬しなければならなかった。イギリス軍は同月二十九日朝ランプールへの進攻を始めた。ビルマ軍の戦意喪失、イギリス軍の物資補給の困難から、双方交渉の結果、ランプールの明渡しと一部の帰順者を除いたものの町からの退去が約束された。ランプーンの陥落とビルマ軍の撤退以後、アッサムでの大規模な軍事行動はおこらなかった。

◎戦後のアッサム

戦争による無秩序な政治状況と周辺山地民族の跳梁はイギリス軍の存在を必要とした。とくにジュンポー族の行動の抑止は緊急の課題であった。彼らはビルマ占領時にアッサム人の集落を襲い多くの人を奴隷として連れ去り、そのため彼らが行動した東部地方では極端な人口稀薄地域となったといわれる。

一八二六年のヤンダボ条約によってアッサム地方はイギリスの支配が及ぶところとなったが、この地方をどのように統治するかが問題であった。長期間の内乱期と対ビルマ戦争はアッサムに人口の激減・統治組織の崩壊・農地荒廃・周辺山地民族の進出をもたらし、秩序回復と民生安定は緊急の課題であった。

アッサム・バレーを除いた周辺諸王国については、内乱期を経て対ビルマ戦争までの経緯にそって統治者が決定された。マニプール王国ではビルマ戦争時にビルマ軍排除に中心的役割を果したガンビール・シンが王位に復した。ジャインティア王ラム・シン Ram Singh はその領土の保全を保証された。カチャール王国では、ゴビンド・シンが復位した。

しかし、アッサム・バレーでは問題が複雑であった。ビルマ占領下で行政組織は壊滅し、住民は敵対する多くのグループに分裂対立していた。ところがイギリス軍が撤退すれば動乱期の再現は確実であった。やむをえずイギリスは政治的に安定していたサディヤ地方とマタック地方を除いたアッサム・バレー全域を暫定的に直接統治することにした。その責任者にはデヴィド・スコットがあてられた。彼にはカチャールからシッキムまでの東部国境地帯の総督代理や東北ランプール地方の行政長官などの肩書きがあったため、上アッサムの統治には代理者が任命された。初代はクーパー大佐Colonel Cooperで、二代目にはビルマ戦争で活躍したヌーフヴィル大尉が一八二八年に任命された。本部は最初ランプールにおかれたが、後ほどジョルハットに移転された。

下アッサムはデヴィド・スコットが直接統治にあたったが、事務繁忙のため後ほどアダム・ホワイト大佐Colonel Adam Whiteが彼を補佐するようになった。

マタックはバル・セナパティによって支配されていた。彼は一八二六年三月イギリスとの間に条約を結び、彼の支配下のパイクの三分の二をイギリスのために提供することを取り決めた。後に年額一万二〇〇〇ルピーの貢納に変更された。しかしこの条件も過重負担であるとして再交渉の結果、一八〇〇ルピーただし彼の生存中のみとの条件に変更された。この条約更新は一八三五年一月に行なわれた。貢納額の大幅な減額や軍事力の強化は、イギリスにとってこの地方が重要な地域として認識されてきたことを示すものとして注目される。

サディヤではカムティ族首長がサディヤ・コワ・ゴハインの肩書きで正統な支配者としてイギリスから承認された。貢納金はないが、武器・弾薬の提供のもと二〇〇人の部隊を編成、周辺山地民族襲撃に備えることが要求された。自族の支配は首長に与えられたが、アッサム人の重大犯罪はイギリス行政官が処理することになっていた。

ジュンポー族に対しては、ビーサ・ガムを最高首長とし、ビルマ軍の侵入路となっているパトカイ山脈の山峡に緊急事態が生じた場合にはただちにイギリス当局に情報を提供することが求められた。

こうして統治組織を整備した後、デヴィド・スコットは重点施策として税制の整備と税収の増加に意をそそいだが、一方でアッサム・バレーの支配者問題も検討していた。アホム王権を復活しただけでのイギリス軍の撤退は血腥い動乱の再現であり、といってこれをイギリス直轄地として持続するには二の足を踏む。結局は中間をとって一部分をアホム王権の支配に、その他の部分はイギリス駐屯軍経費捻出のために直轄するとの案に落ち着いた。

ところがアホム王権復活の地域をどこに置くかが問題となり、スコットはアッサム中央部を考えたが政庁上層部の認めるところとならなかった。反対の理由は中央部から東方の地域が隔離された状態になるからであった。

スコットは一八三一年八月に死亡するが、その直前に彼は代案としてダンシリ川 Dhansiri 以東の地域をアホム王権の支配地域としてプランダー・シンを復位させるとの案を出していた。こうして一八三二年プランダー王の復活がなったがイギリス当局が正式には承認したのは一八三三年のことであった。(7)

注

（1）Lohit rivewrは現在のLuhit rivewrと異なり、ブラマプトラ川の川中島であるマジュリ島Majuli Islandの北側を流れるブラマプトラ川の呼称で、かつてはブラマプトラ川の本流であった。
（2）ブライアン・ガードナー著　浜本正夫訳『イギリス東インド会社』リブロポート　一九八九　一七三頁
（3）Gait, op.cit., p.317
（4）Idid., p343
（5）ブライアン・ガードナー著　前掲書　二六〇頁
（6）荻原弘明他二名『東南アジア現代史Ⅳ　世界現代史八』山川出版社　一九八三　二〇頁
（7）Gait, op.cit., p.348

第六章　アッサム茶産業の成立

一　アッサムでの茶樹発見

インドで、灌木・小葉の茶種と並んで茶を二大分する喬木・大葉の茶種の存在が知られるようになったのは、一八二三年、ロバート・ブルースがアッサム北東部の丘陵地帯で自生の茶樹を発見したことからであることはよく知られている。しかし、インドにおける自生の茶樹の存在を記録したのは、ここに始まるのではない。

たとえば一八一五年、レーター大佐Coonel Latterがアッサム山岳地帯居住のジュンポー族は自生の茶樹を食用や嗜好用に利用していることを報告している。

「アッサムの山岳民族ジュンポー族は自生の茶葉を取って、ビルマ人のように油やニンニクを入れて食べたり、飲み物にしている。

the Singpho hill tribes of Assam gathered a species of wild tea, ate it with oil and garlic, after the Burmese manner, and also made a drink from it.」(1)

また、翌一八一六年には、ネパール在住のエドワード・・ガードナーEdward Gardnerがカトマンズの宮廷の庭園で茶樹と思われるものを見つけて、その葉の見本をカルカッアの植物園長ナザニエル・ウォーリッチ博士Dr. Nathniel Wallich（一七八九〜一八五四）Superintendent of the Royal Botanical Garden at Calcuttaに送っている。

後者については、ウォーリッチ博士によってこれは真正の茶ではなく，カメリヤ・キッシーCamellia kissiであるとされた。後述の茶業委員会にサディヤから送付されて来た茶を手にするまでウォーリッチがインド（アッサム）における茶樹の自生には否定的であったことから、彼は「アッサムなどに自生の茶樹があるはずがないという先入観にとらわれていた(2)」という見方もある。しかし、当時においては彼のみならずインド在住のイギリス当局者やイギリス本国の植物学者でも小葉種の中国茶の知識しかなく、インドでの自生茶については否定的な見方が常識であった。

この当時、カルカッタの植物園には中国種の茶樹があり、一八一九年にはアッサム地方の総督代理であったデービド・スコットDavid Scott, Agent to the Governor-General in Assamはブラマプトラ川流域東部丘陵地帯で茶栽培を試みる目的で、ウォーリッチに植物園の茶樹と茶種子の送付を依頼している。送付された茶樹は枯死してこの試みは失敗しているが、このことからウォーリッチの判断は先入観から一方的に否定したというよりも手元の中国種の影響が大きかったと見るべきであろう(3)。

一八二三年、当時ビルマの支配下にあったアッサム地方での交易開拓を目的にイギリス東インド会社の許可を得て現地に入ったロバート・ブルースは、上アッサムの中心地ガルガオンでジュンポー族の首長ビーサ・ガム a local Singpho chief, the Beesa Gaum と接触した。

このことについて、ユーカスは次のように述べている。

「当地に滞在中、ブルースは周辺の植物採集を行ったが、その時に近くの丘陵地帯で茶樹を発見した。そこで彼は現地を去るにあたり、その首長との間で次回訪問した時に茶樹と茶種子が入手できるように準備しておく約束をした(4)」

図42　アッサム茶樹の発見者 R. ブルース

これが、ブルースによるインド自生茶（アッサム種）の最初の発見ということになる。しかし、この記述には若干の疑問が残る。それはこのとき、ブルースは自生の茶樹の「存在」を知ったのか、それとも実際に茶樹を「見たか」という点である。彼が自生茶を見たのであれば、その時点でその茶種子はともかく茶樹や茶葉の見本を採取することは可能であったはずである。それをあえて現地首長に茶樹、茶種子の供給を依頼することは不自然である。むしろ、ブルースはガルガオンで自生の茶樹の存在を情報として知ったとする、ゲイトの「そこ（Garhgaon）でジュンポー族の首長から茶樹の存在を聞き、首長はブルースに見本を取っておくことを約束した(5)」との記述のほうが正確である。

最初にこの情報をブルースに伝えたのは、マニラム・デワンManiram Dewanという人物であった。彼、デワン・マニラム・ダッタ・バルアDewan Maniram Dutta Baruaはアホム王国最後の王プランダール・シンに仕えていた高位の人物であり、彼がブルースにジュンポー族の居住地域での茶樹の存在を教え、(6)彼の紹介でブルースはジュンポー族の首長ビーサ・ガムと接触、自生の茶樹や茶種子の入手を約束したというのが事実であろう。

翌一八二四年、第一次英緬戦争が勃発し、ブルースの弟、チャールズ・アレキサンダー・ブルースCharles Alexander Bruceが砲艦の指揮官としてランプールRangpur方面に派遣され、ここでビーサ・ガムは約束の茶樹と茶種子を彼に手渡すことができた。C・A・ブルースは、この一部分をガウハッチに駐在していたアッサム政務長官のデービド・スコットCaptain David Scott,the Commissioner of Assamに送り、スコットはこれをガウハッチの自宅の庭に植えた。ブルースは残りをサディアの自宅の庭に植えている。

このように、ブルースがジュンポー族の首長から茶樹や種子を得たのがは「一八二四年」のことであるとするのが通説(7)であるが、当時のアッサムの政治情勢から見るとこれまた疑問が残る。

先述のように一八二三年にはすでにビルマ領アッサムではビルマ軍の動きが活発となり、一八二四年三月イギリス・ビルマ間では交戦状態に入っていた。ところが、雨季に入り軍の行動は制約され、イギリス軍はガウハッチに長期滞在を余儀なくされた。そしてイギリス軍の船団がブラマプトラ川を

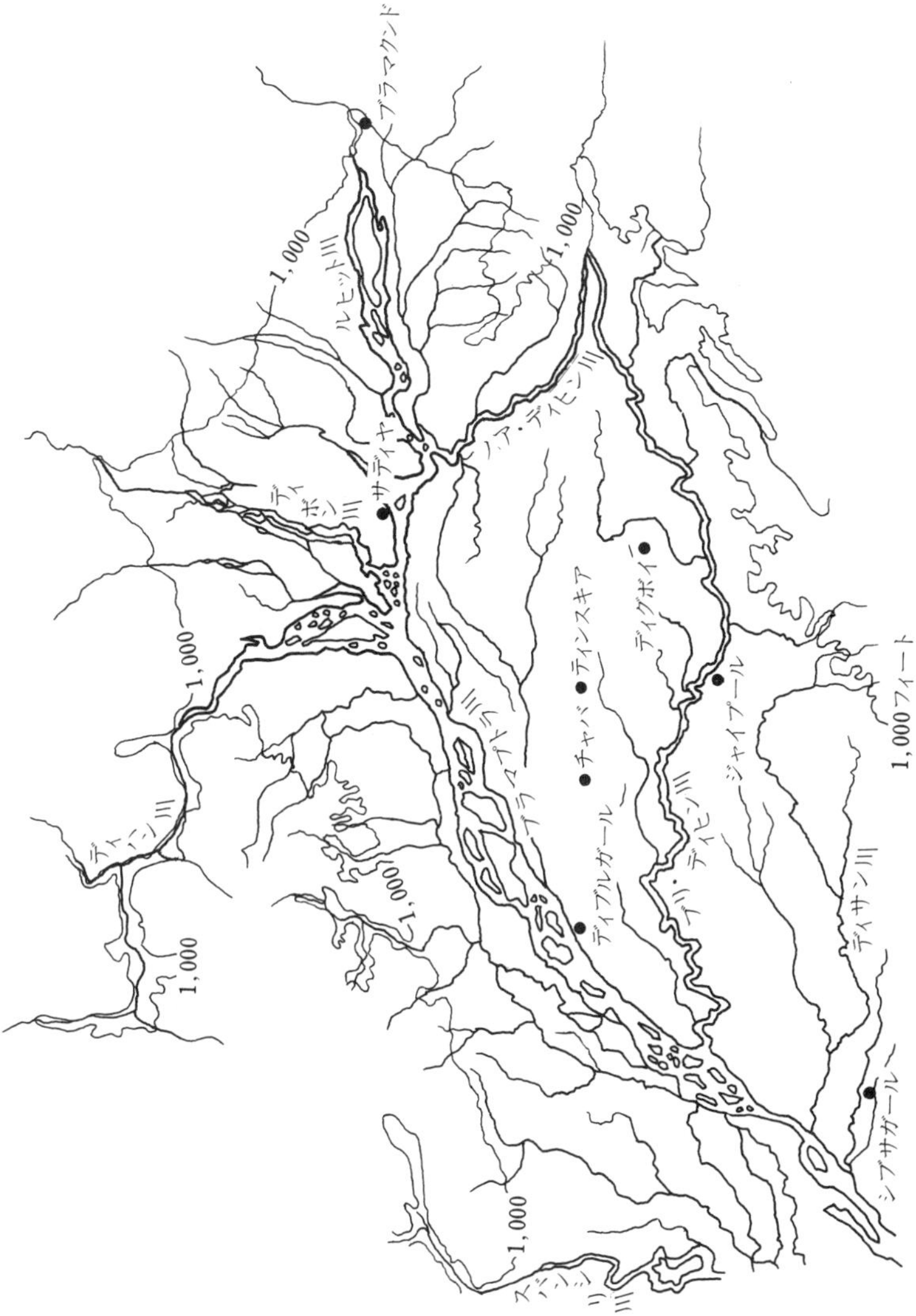

図43　上アッサム河川図

遡上してランプールへの進入路であるディクー川の川口に到達したのは一八二五年一月のことであり、イギリスの砲艦に搭乗していたC・A・ブルースが一八二四年段階でビーサ・ガムと接触できたとは考えにくい。しかもC・A・ブルースがサディヤに自生茶を植えたのが一八二五年のことである事実からして一八二五年初頭に茶樹等の受け渡しがあったと見るほうが理解しやすい。

ところで、スコットはブルースから送られたこの茶の茶葉や種子をカルカッタの植物園長のところに転送したとされる。これについてグリフィスP.Griffithsは『インド茶業史』のなかで、植物園長ウォーリッチの元へ一八二五年六月二日付けの下記手紙とともに茶葉と茶種子が届けられたと記している。

「当地のビルマ人や中国人が自生の茶と呼んでいいといっている植物の葉と種子をお送りいたします。以前、これらよりも立派な種子を見たことがありますが、今は手元にありません。その形は事典の図版と同じでした。

I have pleasure to forward some leaves and seeds of a plant which the Burmese and Chinese at this place concur in stating to be the wild tea.

I had a much more perfect seed than any of those sent, but cannot now findit. It was of this shape with agreeting with the plate in the Encyclopedia.[8]」

ウォーリッチはこれを茶と同じ科であるが、中国で栽培されている茶と同じ種ではないと否定している。このことについては異説があり、この書簡はC・A・ブルースのものであるとする説やスコットがマニプールで発見した茶のことであるとする説があるが、いずれにせよインドにおける自生の茶の存在は確認されなかった。

ところで一八二〇年代になると、イギリス本国では飲茶がイギリス人の生活の一部分となり茶の消費は年ごとに増大していた。一方で、その供給元である中国の貿易政策の不安定度が強まってきた。このことからイギリスで茶供給の安定のためにインドにおける茶業の開始を求める機運が高まってきた。一八二五年、イギリス技芸協会は東・西インドあるいはイギリス領植民地のどこでも二〇〇重量ポンド以上の優秀な茶を生産したものには金メダルあるいは五〇ギニーを贈与することを発表しているが、大きな動きはなかった。

一八二八年、ベンガル総督に任命されて間もないベンティンク（Goveror-General of Benal, Lord William Charles Cavendish Bentinck　一七七四～一八三九、在任一八二八～三三〈インド総督在任一八三三～三五〉）に、ウォーカー Walker という人物がインドでの茶産業の開発を勧める書簡を送っている。

「イギリスではずっと茶の消費が増え続けています。すべての人がこれをたしなみ、庶民のなかでは食事の一部分ともなっております。ところによっては日に三度も四度も飲んでいるところもあるほどに喫茶は私たちの日常生活に溶け込んでおり、いまさらこれをなしですますことはできないでしょう。

ですから、今は中国の恩恵でやっと手に入れているこの茶を、より確実に毎日手に入れる手段を考えることが、国家的な急務であります。今、茶の供給は中国の手に独占されていますが、この状態を打破することは容易だと思います。これからは、私たちの領土や植民地で茶を生産することによって中国の茶に頼らないようにしないと困ることになります。東インド会社は是非ともネパールやその他の、茶樹に似た椿などの植物が自生している地域で茶の栽培をすべきでしょう。インドでは労賃が安いので茶業には有利ですし、あわせてわが国のマンチェスターから輸入された綿製品によって職を失った非常に多くのインド人の織物職人にも仕事を得させることもできるでしょう」

しかし、インドにおいてベンティンクを待ち受けていたのは東インド会社の財政建て直しであり、この提案がただちに実現することはなかった。一方、インドにおける会社の支配地域が拡大するにつれて、インドの自然や社会に関する科学的調査も次第に進められていった。一七八七年、東インド会社はカルカッタ郊外に前述の植物園を設立し、その後その他の町にも植物園が作られ、本国からは多数の科学者がインドに来て科学的な調査活動が行なわれるようになった。

十九世紀初頭、インドの茶樹に関する種々の情報に対してカメリヤ・キッシーであるなどとしてアッサム種の公認が遅れたことは、確かにインド茶産業の成立期に混乱を招いたといえる。しかし、ウォーリッチらが各方面から提供された茶樹の見本をカメリヤ・キッシー等であると判定したことは、たとえその判断が正しくなかったとしても当時知られていた中国茶を基準として、これら茶の近縁植物について良く調査されていた結果といえよう。

たとえばカメリヤ・キッシーは中尾佐助氏によると「植物学的に見れば茶に非常に近い種類で」あ

り、「茶が栽培できないような高冷地に適応して」いる。「中国西南部から北ビルマ、アッサム山地、ヒマラヤ中腹」に広く分布している。「この植物の葉は日本のサザンカに似ているが、花は茶の花によく似ている」「山地の民族にとって茶のかわりにいちばん利用しやすい植物」(9)である。

このように茶に非常に近い植物と真正の茶とを判別したことは、カメリヤ・キッシーについて十分な知識を持たなければできないことである。

しかし、このようにインドにおける茶の自生が確認されない状況のなかでも、科学者の内にインドでの茶栽培の可能性については賛意を示すものが出るようになってきた。

一八二七年、著名な植物学者で、クマオン Kumaon の植物園を管理していたロイル博士 Dr.J.Forbes Royle（一七九九～一八五八）はヒマラヤ北西部が中国種の茶栽培に適当していることを主張し、その後も再三にわたりヒマラヤ山系での茶栽培を勧めている。

一八三一年、アンドリュー・チャールトン Liutenant [late Captain] Andrew Charlton はアッサムのビーサ Beesa で自生の茶樹を発見、数本の若木をカルカッタの農業園芸協会に送ったが、この茶樹は成育状況が悪く茶であることを確認されることもなく間もなく枯死した。チャールトンはこの若木を送るに際して、次のように記している。

「イギリス領アッサムの最東端でビルマ国境に隣接する、サディア地方には茶樹が成育しており、原住民のなかにはその葉を乾燥して煎じて飲んでいるものがいます。でも彼らは葉にとくに手をかけているというわけはありません。葉は生では良い香りはありませんが、茶にすると中国の茶と同じような香りと味がします。花は自生のばらに似ています。ばらより少し小さいのですが本当によく似た白い花です[10]」

こうして一八三〇年代に至るまでに、アッサム地方東部での茶の自生および茶葉の利用についての情報が多く蓄積されるようになってきた。いまだ茶樹であることは公認されていなかったが、インドの内外諸情勢はインドにおける茶産業成立への圧力を強めるようになっていた。

ただ、当時のアッサム地方およびその周辺での原住民による飲茶に関する諸情報については、これを疑問視する見解がある。

「アッサムの原住民の一であるシンポー族がそれを飲用している――という情報も、イギリスにつたわってきました。いまからおもえば、この情報は、はなはだうたがわしいものです。今日の知識からすると、当時、この方面に〈飲むお茶〉が存在していたとは、とうてい、かんがえられないからです。すでにのべましたとおり、この地帯は〈食べるお茶〉の分布する範囲です[11]」

指摘のとおり民俗学的には、西南中国からこれに接するビルマ・タイなどに〈食べるお茶〉文化が存在することはよく知られている。

先述のレーターの場合も、油やニンニクと混ぜて食しているとあり、E・ブラマーはシンポス族（ジュンポー族）の茶葉の利用法について茶の漬物すなわち〈食べるお茶〉であるとしている。

しかし、同じ茶葉の利用といっても種々の形態があり、同一民族のなかでもその利用法は必ずしも同一ではなく、また収入源となれば自らは利用しない製法の茶を製造することもある。したがって〈食べるお茶〉文化圏であるが故に〈飲むお茶〉文化は存在しないとは断言できないであろう。

もう一つ、ヘンリー・ホブハウスは、その著書『SEEDS OF CHANGE』のなかで次のように述べている。

「アッサムで茶産業が始まった時、その茶園では中国の茶の木からとったさし穂を植えたのだが、枯れたりよく育たなかったり繁殖力をもたなかったりしたのである。アッサム原産の自生茶を移植用の場所を作るために根こそぎにし焼却していたのだが、今度はより適応した標本を育てるために自生茶の生き残りを求めて丘陵をくまなく探したのである。

しかし、イギリス人にわかっている限りでは、アッサムの原住民は煎じ汁を作るために茶を使うことは決してなかった。

これは世間一般に受け入れられている考え方であったが、ブラマプトラ川岸の一、二ヵ所には古代に茶を栽培し、後に放棄された茶園の形跡がある。だが、この茶園に関するアッサム原住民の民間伝承はまったくない(12)」

この場合、「アッサム原住民」をブラマプトラ川流域のアッサム・バレーに居住するアッサム人と限定するなら、アホム王国時代には飲茶の痕跡はない。しかし、平原周辺の山地原住民（アッサム種の自生地に居住しているジュンポー族など）まで原住民の範囲を広げると、彼らの中に飲茶の習慣を持つものの存在は当時イギリス人に知られていたところである。

たとえばガウハッチの教育機関の教育行政官であったロビンソンW.Robinsonは一八四一年、アッサムに関する著書（Descriptive Account of Asam : with a sketch the Local Geography, and a concise History of The Tea-Plant of Asam : to which is added, a Short Account of the neighbouring Tribes, exhibiting their History, Manners, and Cusutoms 1841）を発表しているが、そのなかでシンポー族（ジュンポー族）の茶について大略次のように記している。

「茶は自生茶のみられる周辺高地民族が好んで用いる飲み物であり、シンポー族は随分前から茶を飲んでいる。まず若くて柔らかい葉を摘んで天日で乾かす。そして夜露にさらしてから、三日間また天日で乾かしたあと、平鍋に入れて完全に乾燥するまで火であぶる。このあと、竹筒を火で暖めながらその竹筒のなかに乾燥した茶葉を棒でしっかりと詰める。竹筒が茶葉でいっぱいになったら、竹の端を木の葉でくるんで炉の煙がかかるところにつるして置く。こうしておくと、長い間茶の質が変わらないといわれている(13)」

この「随分前から」がどの程度の以前のことを指すか不明ではあるが、当時アッサム地方に居住していたイギリス人が原住民の飲茶の習慣についての知識が「決して」なかったとは断言できないであろう。なお、ロビンソンは上述の記述に続いて、茶葉を煮出してから地中に埋めて発酵させる茶の製法も紹介している。

「地面に穴を掘り、その穴の側面に大きな木の葉を並べる。茶葉を煮る。煮汁を捨てたあと、煮た茶葉は掘った穴のなかに埋める。穴のなかで茶葉が発酵し終わると、取り出して竹筒に入れて、市場に持っていく。この茶葉の使い方は、茶葉を煮出してその煮汁を飲むのである」

この製茶法は〈食べるお茶〉の製法と同様であるが、利用法はやはり〈飲む〉方法である。ただし、

図44　ミャンマーの食用茶（左）と茶の楽しみ

図45　中国雲南地方の竹筒茶

この製法による茶は煮出し液を飲むことよりも食べるの向いているので「煮汁を飲む」とあるのには疑問が残る。しかも自家消費用ではなく市場向けであることは食べる茶である可能性が高い。

先述のチャールトンは、一八三四年、ジェンキンス宛の報告書のなかでジュンポー族の製茶法について次のように記している。

「ジュンポー族やカムティ族には（茶）葉の煎じ汁を飲む習慣があります。最近知ったことですが、彼らは葉を細かくちぎり、小枝や筋を取り除いてから、茹でます。そのあと、揉んで球状にして天日で乾燥させ、飲むまで保存するという方法をとっています。

The Singphos and Kamptees are in the habit of drinking an infusion of the leaves, which I have lately understood they prepare by pulling them into small pices, taking out the stalks and fibers, boiling and then squeezing them into a ball, which they dry in the sun and retain for use.」

細片破断、夾雑物除去、煮沸、揉捻、天日乾燥という製茶手順はロビンソンの紹介した手順とかなり異なっている。こうした製茶法の相違は部族による中国の茶文化との接触の時空的な差異から生じたものと考えられる。

二　ジュンポー族の茶

前述のようにジュンポー族は、R・ロバートを介してアッサム茶業ひいてはインド茶業成立の端緒をもたらし、さらにアッサム茶業の黎明期には製茶にも参画した。しかし、アッサム茶業が成長するにしたがって彼らの生活圏内の土地は茶園に奪われ、さらにその生活基盤を構成していたアッサム人を「奴隷解放」の名のもとに排除されることによって困窮度は増大していった。

追いつめられたジュンポー族は、ビルマ領内の同族と連携してイギリスに抵抗を試みた。反抗が失敗した後、大多数のジュンポー族は彼らの故地で同族の居住するビルマのフーコン渓谷に移住していった。

一方、アッサム地方がイギリス領になって以降、イギリスによってアッサム在住のジュンポー族を統括する最高首長とされたビーサ・ガムは反乱の責を問われ、捕らわれの身で一生を終える運命をたどった。

このように、アッサム茶業の舞台を提供しながらも、強制的に退場させられた悲劇の山地少数民族ジュンポー族について、ここでまとめて記してみる。

アッサム北東部のテンガパニ川 **Tengapani** やノア・ディヒン川 **Noa Dihing** 流域に居住するジュンポー族は、ミャンマー北部に居住するカチン族 **Katchin** と同族である。彼らはミャンマー北東部のカチン丘陵を中心に西はアッサムから東は中国雲南省西部にかけて展開しており、ミャンマーではカキュン **Kakhyen**、クキエン **Krkyen**、など呼ばれ、また中国では古くは野人、現在はチンポー族 **Chingpo**（景頗族）と呼ばれている。

なお、カチン族とは、ビルマ人による北東部辺境地域の蛮族を指す呼称であり、自称はシンパウ

Singpaw で、イギリスの文献では Singpho、Singfo、Chingpaw などと記されている。

言語はチベット・ビルマ語族に属し、伝承によるとイラワジ川上流部から南下したとされる。精悍な山地民で焼畑耕作を営み、平地のタイ族系のシャン族とは政治・文化的に密接な関係を持っていた。

十八世紀末ごろまでにはチンドウィン川 Chindwin 上流部のフーコン渓谷に移動していた。そしてこのころ、アッサムのアホム王国がモアマリア反乱で混乱に陥っているのに乗じて、パトカイ山脈を越えてアッサムに浸透していった。この際、ジュンポー族の保有していた茶文化がアッサムに持ち込まれることになった。

ジュンポー族の故地であるといわれるイラワディ川上流部は急峻な山岳地帯で気候も温暖で雨も多く、天然資源に恵まれており、「景頗族山区到処復蓋着茂密的樹林、有紅木、杉木、松木、楠木、椿木等、経済林木有欅膠、油桐、茶、核桃、珈琲、柚木等」と『景頗族簡史』に記されているように、自生茶樹も多く「茶山」が古くから認められており、漢族は景頗族を「野人」とも呼んでおり、「茶山野人」と称して古くからの茶造りの民族とされてきた。

このことは必ずしも彼ら自身が茶樹の利用すなわち製茶あるいは飲茶文化を生み出したことを意味しない。茶に手を染める以前、彼らは東南アジア半島部山地諸族共通の檳榔を利用していたことや、茶に関してはパラウン族を先輩視していることなどからして、外来文化として茶の文化を受容したことは確かである。

いつ、誰からといった受容の詳細は不明であるが、少なくともアッサム入境までには「竹筒茶」など茶樹を利用する手立てを入手していたと考えられる。こうした経緯についての詳細は拙著『茶の民族誌』に記してあるので、ここに再録しておく。

中国の西南端のけわしい山地で標高二〜三〇〇〇メートル級の連山があり、しかも平坦部は湿気が多く高温多湿の地で、インドやビルマでもあまり関心をもっておらず、第二次世界大戦終了までは、現在のミャンマー・カチン州は中国領土の扱いとなったいた所である。

第二次世界大戦中に、連合軍が開設した「援蔣ルート」もこの地を通っており、アッサムの山地に入る山道は、「死の谷間」「フーコンバーレイ」と呼ばれ恐れられていた所でもある。

この山地に住むジュンポー族は、一九二一年イギリス人の調査によると、ビルマ領（密支那《ミトキーナ》、八莫《バーモ》方面）に約二四万人居住していたとあり、当時のジュンポー族の全人口が約五〇万人といわれていたから、約半数が山岳地帯の中国領に住んでいたことになる。

このジュンポー族は、ビルマ（ミャンマー）では、「カチン族」と呼ばれており、現在のミャンマー北部のカチン州に住んでいる。図のように、ミャンマーと中国両国の国境地帯にある。

十四世紀から十八世紀にかけて、大量のジュンポー族が南下し、現在中国の西南端の徳宏傣族景頗族自治州に多く住んでおり、とりわけ盈江《えいこう》県に多く次いで梁河県、隴川《ろうせん》県等に分布しており、徳昂族、傈僳族、傣族などとの雑居が多い。一九八二年の調査では、中国国内の同族全人口は九万二一九一五人となっており、中国の少数民族ではきわめて少人口の民族である。

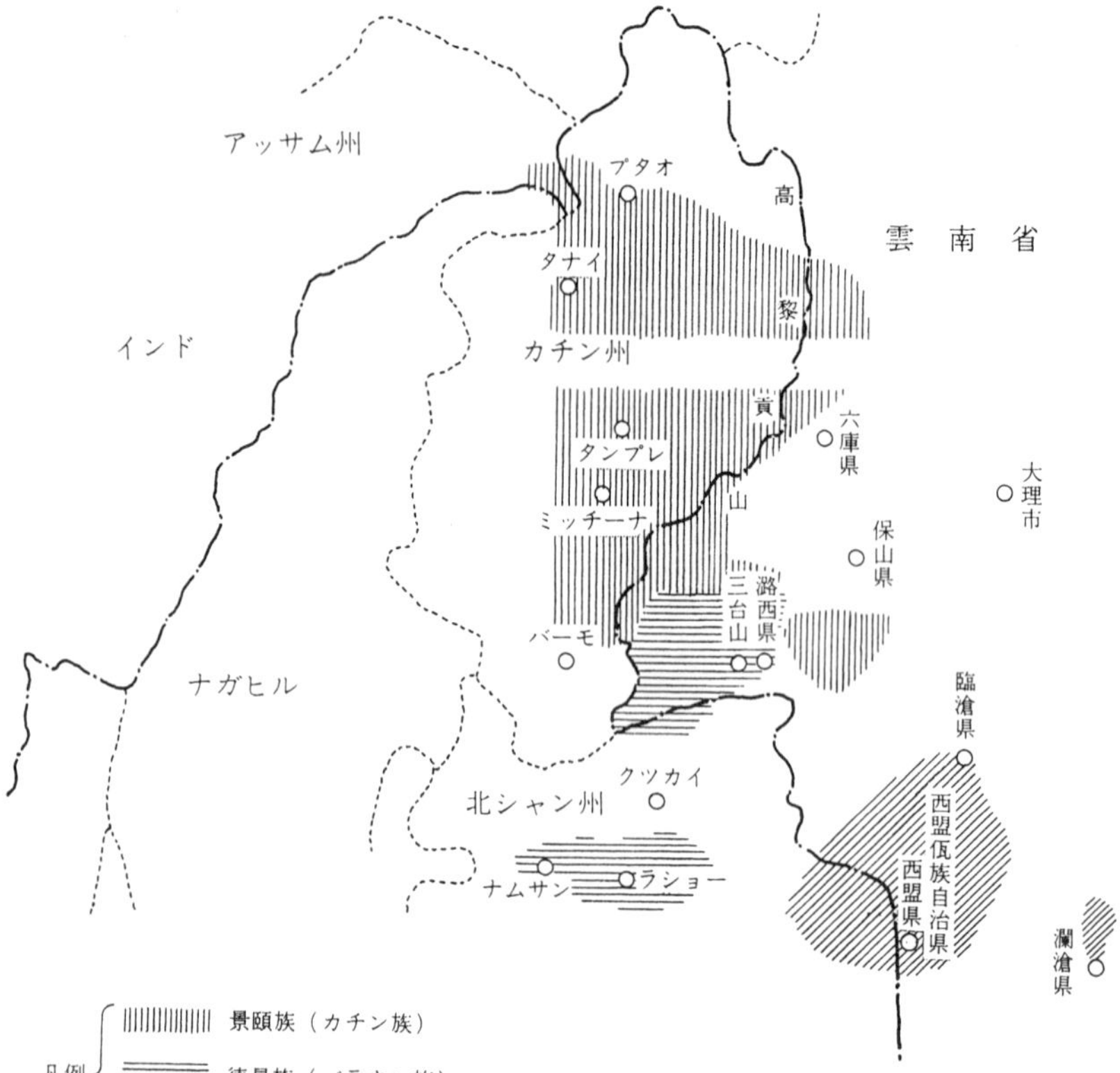

凡例
- 景頗族（カチン族）
- 徳昂族（パラウン族）
- 佤族（ワ族）

図46　ミャンマー北部の民族分布と雲南省との関係

ジュンポー族は、本来山地民族であり、茶の利用に関しては、古くからそれなりの利用を心得ていたと思われる。徳宏傣族景頗族自治州には、先住民族の徳昂族や傣族がおり、茶の開発も後発者とはなるが、本来的にもつ特技を活かしてか、茶の産地形成がみられる。

中国政府の地域経済開発のバックアップでもあり、潞西県遮放西山景頗族地区では、「西山気候温和、適宜種茶、東山下瓮角塞共有四十九戸有二十二戸種茶約八、四五〇株、平均毎株産二元、年収五、〇七〇市価、約値人民幣三、二〇〇元」とあり、株仕立ての旧茶畑と見られるが、茶を造ることによって、かなりの収入を上げることが可能なようである。

これらの製茶法は、中国の標準的な釜炒り製であり、ジュンポー族固有の製茶法は、「竹筒茶」である。一九六四年一月カチン州の州都ミトキーナから北方三〇キロほどのタンプレ村を訪ねたとき、この地の「カチン族」(ジュンポー族)から入手した茶は「竹筒茶」であり、三本を持ち帰った。そのとき聞いた竹筒茶の造り方は、茶摘みに始まり、鉄板かトタン板の上で、茶の葉を炒ってから、竹筒に硬く詰め、バナナ等の葉で栓をする。そして竹筒の周囲の硬い皮を削り取って、炉端の天上に並べて完全に乾燥する。製品は竹を割って取り出すと、竹筒と同形の茶の棒であった。筆者が入手するときに、「お茶を一本くれ」といって一本一・五チャットを渡した記憶がある。

この竹筒茶の製法が、彼らの固有な製茶法なのか、それとも、雲南省からの招来のものなのか、確認はできなかったが、タンプレ村の周辺には、焼畑による茶作りの跡が見られ、茶が古くから伝統的なものになっていたことは容易に理解することができる。

村人の話では、ここから一晩泊りがけで山に入ると大きな茶の木がたくさんある、といって抱えるしぐさを見せてくれた。その山が「茶山野人」といわれるジュンポー族の住む山地であり、そこには自生の茶の木が豊富に育っているということである。

このカチン州の山地に関しては、中島建一『緬甸の自然と民族』に詳しく紹介されており、

> 即ち、開欽《カチン》とは始めビルマ人の冠した呼称であって、カチントは青跑《チェンパオ》、青頗《チンペー》、整頗《シェッペー》或はTheindaw, Chingpaw, Singpho, Shingpraw 等と自称してゐる。（中略）支那人はカチン諸族を古来野人と凡称し、特に凶悍な部族を野蠻と言ひ、又、蒲蠻《プマーン》、普蠻《フマーン》、濮蠻《ボウマン》とも呼ぶ。因に、かつて雲南省には百濮《ベニボウ》と呼ぶ野蠻な種族が居たが、濮蠻が果たしてそれに由来するものか否かに関しては明らかではない。

とあり、古くからの民族であることは明らかである。

同書はさらに、

> カチン諸族は殆ど山地に居住するために広く山頭《シャンテオーン》とも呼ばれている。即ち彼等はイラワジ河上流の龍川江及び大平江流域の山地、恩梅開江《エーンメイクアイキエン》及び邁立開江《マリ》（麻里下江）流域の山地、さらに野人山と呼ばれてゐる密支那の西北高地に拡延してゐる。

とあり、ジュンポー族の故里が想像できるが、この地方は、第二次世界大戦後にビルマ領として確定しており、ビルマでは「カチン州」と呼んでいる所である。

この山地に自生の茶樹の多く育つことから「茶山野人」とも呼ばれているが、そこに住む野人も、

その貴賤によって大野人、小野人とも呼ばれているようである。

カチン族の生業は、山地居住のため水田はほとんどなく、主要作物は陸稲、麦、玉蜀黍、粟、山薯、芋頭《タロイモ》、豆類、蕎麦、茶、麻、綿花、さらに染料の藍靛等で、自給自足の暮らしであり、茶などは竹筒茶として換金されている。

近年、中国領となった地区は、山地の水利のよい場所に各地に水田が開かれ、かつての畑作農耕一辺倒から、水稲作農耕も取り入れられた農耕形態へと変容しつつあるようである。

同書には、カチン族の信仰に関して興味ある報告をしている。すなわち、

東南部のカチン族には――かつての支那人の政治的支配に隷従し、上から強ゐられて絶対化したゝめか――土着の精霊と並んで、奇しくも蜀漢の頃に南征したと伝へられる諸葛孔明及び明初に麓川（隴川）を征定した王尚書《ワンチヤンチヨウ》（王驥《ワアンキ》）の霊を最高神として篤く崇敬し、とりわけ孔明を彼等の部落的祖先と信じてこの孔明こそは天地を開闢して禮法を制定した最高の神人と見做してゐる。

雲南省南部山地に住む、各民族に諸葛孔明が守護神の如く崇められているが、これは孔明の名声とともに、漢文化の受容を物語るもので、それに伴う茶業開発が各地に行なわれているわけである。彼ら自身による茶業開発は、体系的にはありえなかったのではないか、と推測される。それを物語るものに、

景頗人一般不穿鞋、男女赤足。男子外出時必腰挂長刀、有火槍的肩上火槍、（中略）景頗人無論男女老幼都会嚼草煙、草煙拌以石灰、沙桔、檳榔、凡人相見、必瓦逓草烟、以示友好。

とあり、茶以前に煙草、そして檳榔の利用があったことを示しており、雲南省南部の諸民族をはじめ東南アジア山地の諸民族にも共通することでもある。

一九六四年一月にカチン州で会ったカチン族から「茶をつくるには、パラウン族を連れて行くと茶のある場所がわかる」ということを聞いたことがある。カチン州のカチン族より、パラウン族（徳昂族）のほうが、茶においては先輩のように思っているが、ビルマのパラウン族と、雲南省のパラウン族すなわち現在のジュンポー族とが茶への知識がどちらが早くから持ち合わせていたものか、明らかにできない。しかし前述のカチン族の話から推察すると、カチン族とパラウン族においては、パラウン族のほうが茶に関しては先輩のようである。

図47　レド公路で会ったカチン族

ジュンポー族の住む地域には、その近くに茶の消費地を見ることができず、茶も産地化が困難であったものと思われる。近年中国政府の適地適作による経済開発政策によるものであろうか、雲南省南部の各地に茶産地が形成され、山地少数民族の住む地域にも広々とした茶畑が開発されているが、それがために古い産地が放置されることになった地域も目に入る。

茶は、加工乾燥することによって長期の保存が可能で、磚茶のように固形化することによって遠方への輸送も便利になり、交通の便さえ確保できるならば、かなりの辺地でも産地化は可能である。

雲南省の最西端の地、徳宏傣族景頗族自治州は、輸送手段から見ると、茶に限らずきわめて不便な地域でもあるが、茶の長所を活かしての開発が、徐々に進んでおり、自家消費とともに経済作物としての実効を上げつつあるように見える。

雲南省南部、東南アジア山地には、東西南北から移住した民族が集まっており、茶の利用形態にもそれぞれの民族固有の伝統的な製法、喫茶法が継承されている。しかも、その伝統的な所作が、相互の民族的接触による、文化の受容・変容も加わり、民族の固有性が薄らぎ消滅しつつあるものと見られる。

平地の稲作を基調とする傣族にも、茶の経済的価値が導入され、本来山住みの瑤族がベトナムまで移動すると、水稲作農民に変容するが、その伝統的な茶の利用は失っていない。しかし、ベトナム北部では喫茶習俗が一部檳榔へと変わり、周辺のベトナム族との一部同化も見られる。

さらに、チベット系諸民族のように、製茶に関しては未経験ながら、喫茶においてはチベット様式を失うことなく、雲南の地にあっても、伝統文化として継承しているものと見られ、まさに、雲南省は民族のルツボであり茶に関しても諸民族の生きた自然博物館といえる地域である。

ところで、一八二六年のヤンダボ条約でアッサム地方がイギリスの支配下になったとき、アッサム地方に居住するジュンポー族は大きく二つのグループに分かれていた。

その一つは、マタック地方Matakの東側に接する地に居住するグループで、ビーサ・ガムが最有力首長であった。もう一つのグループは、ルヒット川北岸のサディヤを支配していたシャン系のカムティ族Khampti首長の支配下にあったジュンポー族である。彼らはサディヤのはるか東、カムティ・ロン（Khamti-loug現ミャンマーのプタオ）に拠点をもつカムティ族一派の傭兵として、アッサムに入ってきたと考えられているグループである。

アッサムのイギリス領後も自治権を認められていたサディヤのカムティ族は、しだいにイギリスと対立するようになった。一八三九年蜂起してサディヤのイギリス軍駐屯地を襲撃する事件をおこし、その後大部分のカムティ族はカムティ・ロンに戻り、アッサムに残ったものはその政治的影響力を失った。カムティ族配下のジュンポー族もカムティ族と運命を共にした。

一方、マタック地方のジュンポー族では、イギリスがビーサ・ガムをこの地域のジュンポー族の最高首長に指名したことに反発した遠縁のダイパ・ガムDuffa Gamがビルマと連係、イギリスおよびビーサ・ガムに敵対的態度をとるようになった。一八三五年、ジュンポー族のダイパ・ガムはパトカイ山脈を越えビーサ・ガムの集落を襲撃、婦女子を含めて九〇人余を殺害、その年暮れに再び現われ拠点を構築し始めると、ビーサ・ガムに服属していた首長達の多くが離反してダイパの下に走った。イギリス軍が出動してこれを撃退、ルットラ・ガムを除く他の首長達は再びビーサ・ガムに従った。

こうしたジュンポー族首長達の裏切りと服従の繰り返しに対してイギリスは強く咎められなかった。

当時イギリスは彼らに適切な援助や保護をしていなかったため、彼らが保身のため緊急避難的に時の有力者に服従することを阻止できなかったからである。それでもダイパ・ガムに次いで反抗的であったルットラ・ガムは一八三七年二月、イギリスに服属してきた。

反抗を繰り返すダイパ・ガムの処置に苦慮したイギリスはビルマ政府と交渉した結果、ダイパ・ガムはビルマの臣下であるとされ、彼はアヴァ宮廷におもむき王から賞賛の辞を受け、在ビルマ駐在官に任命された。イギリスのビルマ駐在官の地位は低くこの国境紛争解決は困難と理解したイギリスは、ビルマ政府代表との第二次交渉を行なった。

イギリス側ではホワイト少佐 Major White、ハネイ大尉 Captain Hanney、グリフィス博士 Dr. Griffith がサディヤを出発、ビルマ側はビルマ使節とダイパ・ガムにベイフィールド Mr. Bayfield が付き添っていた。途中、ホワイトは引き返したが、双方はパトカイ山中で会談した。会談の席上、ビルマ側はジャイプールまでの上アッサムの主権を主張、イギリス側がこれを拒否して会談は決裂、ビルマ側は帰国した。

こうしてダイパ・ガムの処置にはなんら結論が出ない内に、再度ダイパ・ガムの進攻情報があり、イギリスは急遽ボレ・ディヒン川沿いに前進基地を設けるなど、ダイパ・ガムに振り回され続けた。

一八三八年アッサム在住のジュンポー族の間で内紛が生じた。これに介入するためにイギリス軍が出動すると今度は紛争者同士が連係してイギリス軍に抵抗するようになった。長く続いた政情不安は、ついに一八三九年のカムティ族とジュンポー族の連合体による反乱で爆発した。

この反乱は強力なイギリス軍によって鎮圧され、イギリス軍がジュンポー族居住地域を支配下においた。今までダイパ側にあった強力な首長、ニンローラ Ningroola が帰順してきた。彼の集落は帰順前にイギリス軍によって焼き払われていたが、イギリスへの忠誠を示し、集落の周辺に自生している茶を栽培し始めた。

一八四一年、カルカッタ市場に送られた最初のアッサム茶一三〇箱のうち三五箱はこのニンローラのもとで造られた茶であった。

前掲のロビンソンはこうした状況を次のように述べている。

「彼らは身近にいる強力な勢力に従い、彼らの伝統的な不法行為を放棄し、農業に注目するようになってきた。この野蛮ではあるが精力的な部族が生活様式を変えることは、彼らの交易に大きな影響を与えるだけではなく、アッサム地方の将来に明るい展望を与えるものである。ビルマ Ava 支配下のシャン Shyan 族のアッサム移住を保護すれば、神の賜物である非常に価値のある植物の栽培は拡大して、彼らの住民の生活は改善され地域は豊かになるであろう」(Elvin, OP. cit., P-392)

一八四一～一八四二年、ヴェッチ大尉がジュンポー族とナガ族の居住する辺境地域を訪れているが、まったく平穏であると報告している。

しかし、このような平穏な状態は長くは続かなかった。

一八四三年一月十日、ビルマから越境してきたジュンポー族の大群がイギリスの各地の前進基地を急襲した。これに呼応してアッサム在住のジュンポー族も蜂起した。この反乱は大規模であり、ビルマのフーコンの王ティプム Tippum が参加し、ビーサ・ガムやニンローラ・ガムも加担した。こうしてノア・ディヒン川とボレ・ディヒン川の両河川流域のすべてのジュンポー族が反乱に加わった。

イギリス軍はただちに反撃した。帰順してきたジュンポー族はイギリス軍への支援を申し出てきた。しかし、戦闘はジャングルのなかで数か月間続いた。

事態を重視したイギリスでは、反乱の鎮静化後、ただちに調査団を派遣した。ロイド大佐 Colonel Lloyd とスティンフォース Mr. Stainforth からなる調査団一行は悪条件のために健康を害して任務を遂行することができず、結局、総督代理のジェンキンス大尉に調査は任された。調査では反乱の原因として次の三点をあげられた。
①イギリスによるジュンポー族の権利と土地の侵害
②地方行政官によるジュンポー族の逮捕と処罰
③ビルマ・フーコン王の示唆
このうちビルマに関するものは当座打つ手がなく、②については原則として彼らの伝統的慣習によることで解決されるとされた。問題は①についてであり、とくに土地問題は重要であった。スコットが以前彼らと結んだ契約は曖昧であり、このことがこの地方での茶園開発が進行するとともにこの点が表面化してきていた。

蜂起の八日前、行政副長官が図面上に三本の線を引いて彼らに示した。それはノア・ディヒン川口を起点として放射線状に南の方角に引いた三本の線で、一番西側の線はスコットの時代にジュンポー族が居住していた限界線であり、真ん中の線は現在彼らが居住している地域の限界線であり、もっとも東の線はヴェッチ大尉が将来的に彼らの境界とするとして提案した線であった。

このことは、現地行政官がジュンポー族を東へ東へと追いやる意図を示すものであった。事実、ビーサ・ガムは、一八四二年に自分たちの土地が失われているとして激しく抗議している。また、反乱が起きた時に襲撃の標的にされた製茶工場は、ジュンポー族から奪った土地に建てられていた。

これに対してジェンキンスは土地については問題ないと断定している。いままでジュンポー族に土地を与えたことはないし、その所有を認めたこともない。ビーサ・ガムがティプム・ラジャに教唆されて土地の権利を申し立てるまで誰も異議を唱えたものはいなかったからと。

結局、新たな境界線がひかれ、当局の正式の認可なしには境界線内での土地拡張は認められないこと、ジュンポー族のなかに混在するアッサム人へのイギリスの課税権は放棄することを含む新しい協定が結ばれた。

しかし、反徒として捕えられた全員は裁判にかけられ、ビーサ・ガムは反乱罪に問われ、生涯をディブルガル Debrooghur の牢獄でおくることになった。

調査結果からのイギリス側の最終結論は、反乱の根本原因をジュンポー族がアッサム人を労働力に充当する「奴隷制」を打破しようとする奴隷解放政策であるとして、この政策を今後も強力に押し進め、ジュンポー族に大目に見られるかもしれないといった甘い期待を持たせないよう強硬な姿勢で望んだ。以降、ジュンポー族はアッサム地方においては問題を起こすことはなくなった。

というよりむしろ、ジュンポー族の大部分はイギリスの「奴隷解放」という「迫害」を逃れるためにビルマ領内に退去したことが、イギリス領内で問題が起きなかったことの理由である。

こうしたイギリス当局が示した対ジュンポー強硬策は、当時拡大しつつあった茶園造成との関連なしには考えられないのであって、反乱の基底にあった彼らの土地の奪取という事実をジュンポー族の近代的教化という名目のもとでおおい、彼らの縮小的安定化をねらったと考えられる。

イギリス当局の価値判断からみて、人道主義的政策であるとされた奴隷解放政策も、ジュンポー族にとっては、彼らの手足を奪うようなものであった。たとえ当局がジュンポー族に対して奴隷労働に依存しない彼ら自身の自立した農民化を意図したとしても、ジュンポー族側からみれば土地の保証があって初めて奴隷解放後の彼らの生活設計が成り立つのであり、その保証なくしての奴隷解放の強要とイギリス側による茶園の拡張政策は、ジュンポー族にとって過酷な施策「迫害」であったと言わざるを得ない。

ともあれ、一八四三年のいっせい蜂起とその鎮圧以降、アッサムにおけるジュンポー族居住地域は平静となった。一説によると、彼らが阿片を常用したことによって伝統的な好戦的性格を失ったことが事態鎮静化の原因であるともいわれている。

三　東インド会社と茶産業

一七八八年、著名な博物学者バンクスSir Joseph Banks（一七四三～一八二〇）が東インド会社理事会の要請に答えてインドでの茶栽培適地を指摘してから約半世紀、ブルース兄弟のアッサム自生茶の発見から一〇年余、この間、東インド会社はインドでの茶栽培にはとくに関心を示さなかった。むしろ無視ともいえる態度であった。

このように、イギリス政府およびイギリス東インド会社がインドにおける茶栽培に否定的な態度を取り続けた理由として、会社の中国茶貿易独占権にともなう高利潤確保の保証にあるとするのが通説である。

「東インド会社はインドで茶を栽培すると、中国との茶の取引の独占権が乱されるので、それに反対の意向をもっていたが、一八三三年に中国茶の輸入の独占の期限がきれると、従来の方針を改め、インドで茶をつくることに本腰を入れはじめた。

イギリス人の茶の味覚は中国の茶によってつくられたものなので、インドで栽培するのも中国の茶樹でなければならないという信念で、将来の見通しの立っていないアッサム種の栽培には乗り気でなかった(14)」

図48　ティークリッパー（左）と東インド会社社紋

しかし、会社の中国貿易独占権の利益、とくに茶貿易の利益はインドにおける茶栽培が発展した場合に損害を被るような状況であったのであろうか。一八一三年まではアジア貿易を独占していたことから、この時点まではインドで茶栽培が可能ならばむしろ会社にとって有利に働いたであろう。

また、一八一三年の特許状更新以降、中国貿易を除いて会社のアジア貿易の独占状況は打破された。こうした状況のもとでのインドでの茶栽培・生産開始を考えるに、本国政府の監督下とはいえ東インド会社がいまだインドの支配地域における統治権を行使している以上、会社が当時実施していた阿片や塩の専売制のようにインド産の茶についても利益確保の手段はとりえたのである。

次に、別の理由として、イギリス・インド・中国にまたがりイギリスの綿製品・インドの阿片・中国の茶が結合した三角貿易が構築されており、この貿易システムのなかでインド経営が成立していたことがあげられる[15]。

「支那貿易の利益は一八一四年以来、毎年平均して一〇〇万ポンドを超え、それでインドの赤字を補っていた」[16]

したがってインドでの茶生産はこの貿易システムを妨害するということになる。

しかし、阿片の中国への流入の顕著な増加は十九世紀以降であり、またイギリス綿工業製品がインド手工業綿布に対して優位にたつのは一八二〇年代である。結果としてこの三角貿易の形成は一八二〇年代以降のことになる。したがって会社が茶産業開発に無関心であった理由として三角貿易をあげることは時間的にズレがある。

ところでグリフィススは、さらに別の理由をあげている。彼は次の三点をあげている。

① 現在インドの茶主産地となっている北インドは当時イギリスの支配地域になっていなかったこと。(なお、アッサムがイギリスの支配下になったのは一八二六年であり、名茶で有名なダージリンは一八三五年のことである。)

② バンクスが指摘していたように、茶栽培地域としてはインドよりもむしろブータンのような山岳地帯のほうが期待がもてると考えられていたこと。

③ アッサム自生種が真正の茶であるとの公認が未だなされていなかったこと。[17]

当時のイギリスが得ていた中国の茶樹および茶産業についての知識からみた場合に、インドで茶産業を興すのに必要な条件が欠如しており、会社およびイギリスにとって有望な投資対象外であったことを指摘したものである。

一七七八年、バンクスはブラック・ティーは北緯二六度から三〇度、グリーン・ティーは北緯三〇度から三五度の地域がもっとも成育に適していると結論づけている。これによるとインドにおけるグリーン・ティー適地は論外であり、北インドのヒマラヤ山麓部がやっとブラック・ティー適地と考えられるが、この地域が会社の支配地域になるのは十九世紀に入ってからである。

さらに、この地域の自然条件に適した自生のアッサム茶はいまだ真の茶と認められていなかった。十七世紀以来、中国の茶に親しんできたイギリス人にとって、茶とはすなわち中国茶であり、茶樹や茶産業についての理解や判断基準はすべて中国茶によっていた。一八三四年茶業委員会Tea Committeeが設置されたとき、まず委員会の始めた活動の一つとして中国茶業の調査と茶種子等の入手のため委員を中国に派遣したというは、こうした状況の好例である。このように中国の茶をモデルタイプとしている以上、アッサム茶の公認と製茶の実績が見られるまでは、商業的利益を重視する会社や財政安定を第一とするインド政庁が積極的にインドでの茶産業開発に意を払うような状況ではなかった。

このようにイギリスによるインド茶生産開始の遅延については、東インド会社による茶貿易の利益独占への執着のみではなく、当時のインドにおける政治・経済状況や茶をめぐる科学的調査・研究の進捗状況等をも考える必要がある。

四　ベンティンクと茶業委員会

インドにおける茶樹栽培の発端は、一八三四年にインド総督ウィリアム・ベンティンクがインドにおける茶栽培を検討する茶業委員会を設置したことに始まるとされる。この茶業委員会の任務は中国茶のインドへの茶樹の導入とその栽培の実施・監督の立案にあった。

通常、この委員会設置の原因として一八三三年の東インド会社特許状法（インド統治法）による中国茶独占権廃止が挙げられるが、それ以上にこの法律によって権限を強化されたインド総督となったベンティンクの指導力に寄るところが大きいといえよう。一八三〇年代に入ると、インド自生の茶に関する諸情報から科学者の間で、中国茶と同一ではないとしてもインドに茶に類似したものがあることは中国茶の栽培が可能な証拠であるとの認識が強くなってきた。

これを受けてベンティンクは一八三四年一月中国茶導入のための茶委員会設置を決定、東インド会社社員七名、カルカッタ在住のイギリス商人三名、カルカッタ植物園長ウォーリッチとインド人二名が委員に任命された。同年二月十三日、最初の委員会が開催されているが、委員会の雰囲気は総督の提案すなわちインドにおける茶樹栽培の可能性については懐疑的・悲観的であったといわれる。しかし、総督はこうした委員会の雰囲気にもかかわらず委員会にその任務の遂行を強く要請し、委員会も中国茶種子導入等のために委員の中国派遣（G.J.Gardon、同年年六月に出航）とインドにおける中国茶樹適地の調査を決定した。

そしてこのインドでの適地調査のなかからアッサム自生の茶樹が真正の茶と確認され、ここからインド紅茶の生産が展開することになる。このような経緯からインド茶業成立期におけるインド総督ベンティンクの果たした役割はきわめて大きい。

では、ベンティンクのインド茶業創出への積極的な姿勢はどのような信念にもとづくものだろうか。これについては、マルクスが『資本論』で引用した次のようなベンティンクによる当時のインド情勢への認識とそれに対する彼のインド統治の方向性で理解される。

「イギリスの木綿機械は東インドに急性の作用をしたのであって、その総督は一八三四～一八三五年に確言した、――『この窮乏たるや、商業史上にほとんど類例を見ない。木綿織布工たちの骨はインドの平野を白くしている』と[18]」

ここで触れられている「総督」とは、ベンティンクである。彼はイギリスの機械製綿布の滔々たる流入に圧倒され壊滅状態となったインド綿手工業の惨状等を直視し、インド人のための統治に自らの職責を置いたのであった。

「インド統治にたずさわったイギリス政治家のなかで、彼はインド人の利益のための政策を打ち出し実行した最初の政治家である。

He was the first British statesman entrusted with the government of Indiawho declared and acted upon the policy of governing India in the interests of the people of that country.（D.N.B.）」

インド人にとっては一方的な押し付けであるが、彼は着任以後、西欧文明を高次なるもの善なるもの、インド伝統社会を野蛮未開なるものと確信してインドそしてインド人を開化させる諸施策を実施した。

統治機関の綱紀粛正・経費節減、サティー（寡婦殉死）の禁止（一八二九年）、サグ（殺人強盗の秘密組織）の弾圧・壊滅（一八二九～三七年）、英語による普通教育制度の推進（マコーリイ、公共教育委員会委員長　一八三四年）、行政・裁判部門でのインド人の登用（ただし、高度の専門知識と技術を要求される高級官僚には西欧高等教育を受けていないとの理由でインド人が登用されることはその後もなかった。）などが彼の業績として挙げられる。

こうした彼のインド統治施策の延長線上に新規産業の振興があり、茶産業育成への発案が提示されたのである。しかし、不幸にして間もなく健康を害したためその成果を見ることなく職を辞さねばならなかった。マコーリイはベンティンクの帰国後（彼は一八三五年三月二十日インドをあとにした）、カルカッタに建てられた銅像に次のような賛辞を残した。

「あなたは七年間卓越した思慮のもと誠実に慈悲深くインドをおさめられました。一市民としての素朴さと中庸を見失うことなくこの帝国の最高職責を全うされ、東洋の専制主義にわが国の自由主義を吹き込み、政治の目的は統治される者の幸福であることを忘れられることはありませんでした。あなたは残酷な儀式を廃止され、屈辱的な差別待遇を取り除かれ、言論の自由を保証され、統治下のインドの人々の知性と徳性の常なる向上に勤められました。人種、慣習、言語、信教の違いを越えて、等しく崇敬の念と感謝の気持ちを持って、あなたが賢明にして高潔かつ慈愛あふれた態度でその職責を全うされたことを讃え継ぎます」（D.N.B.）

やや過剰な賛辞ではあるが、彼のインド統治の七年間インドは珍しく平穏であり、その業績はインド茶業をはじめ多くがその後のインド社会に影響を与えたことを見るときに「このアングロ・オランダ系の人物は、今日では東インド会社のほかの支配者ほどには記憶されていないが、多くの点で彼はインド最高の総督[19]」の一人であり、多くの人に惜しまれた総督であったことは間違いない。

五　アッサム茶の公認

茶業委員会の委員であったカルカッタのマッキントッシュ社のゴードン Geore James Gordon が中国に派遣されることになった。その任務は茶の栽培と製造技術の研究・茶樹と茶種子の収集・茶に関する中国人技術者の招聘であった。彼は一八三四年六月カルカッタを出て、途中海賊に襲われるなどしながらも中国に到着した。内陸部の緑茶産地に入ることはできなかったが、茶の種子を収集することに成功した。

一八三五年にカルカッタに送られてきた最初の積み荷の茶種子は、上質の茶を生産することができる茶樹からのみ採取した種子で、これは発芽に成功している。続いて送られた二番目と三番目の種子は広東経由のものでゴードンが直接手にしたものではないため質の悪い茶樹の種子であり、最後に届いたものは発芽できるような状態のものではなかったといわれる。ゴードンの送った最初の中国茶種子はカルカッタ植物園において播種され、幼木は上アッサム、クマオン Kumaon（北インド）やニルギリ Nilgiri（南インド）などに移植された。しかしその結果は芳しいものではなく、アッサムではほとんど成育せず、ニルギリのは全滅というような状況であった。

ただ、クマオンの標高六〇〇～一九〇〇メートルに設営された数か所の実験農場では順調に成長している。この中国茶栽培の成功からロバート・フォーチュン R. Fortune（一八一三～八〇）が茶栽培の将来性について有望であると、この地方を推奨している。

一方、委員会では、中国茶の栽培に必要な気候・土壌・地形などの条件を記して、これら栽培諸条件に適合する地域のインドにおける有無を情報として提供するように求めた回状を、三月三日付けで各地方行政官に送付した。当時、ジョルハット Jorhat に駐屯していたアッサム総督代理のジェンキンス Captain Francis Jenkins, Agent of the Governor-General of the North-East Frontier of Bengal（前総督代理 Devid Scott は一八三一年八月二十日死去していた）のもとにこの書状が届くと、彼は五月七日付けの書簡でジュンポー族の居住地には自生の茶樹があることとアッサム地方は茶の栽培に適していることをカルカッタに報告した。

彼は一八二六年のブルース Charles Alexander Bruce、一八三一年チャールトン Lieutenant Charlton の報告からアッサム地方の北東部には茶樹が広く分布していることを知っており、そして彼自身一八三二年その存在を確認していた。報告発送と同時に彼は、チャールトンをサディアに急派してサディア周辺の丘陵地で茶の見本を収集させた。チャールトンは茶葉、茶種子、茶花と山地民族が製造した茶そのものを含む見本一式を入手した。これらの見本はカルカッタに送付され、一八三四年十一月八日カルカッタの植物園に到着した。以前からインドにおける茶の自生を否定してきたウォーリッチ博士も今度は真正な茶であることを確認した。

委員会は十二月二十四日このことを政庁に報告している。

「上アッサムの、サディヤとビーサから一か月の行程で到達する中国の雲南省までの広範な地域で茶が自生していることは疑いない。そしてこの茶の発見はわが国の農業的商業的資源に関してなされてきたことのうちでもっとも重要にして価値のあることであると断言できる。この発見された茶樹を適切な経営と商業ベースに乗り得るような行き届いた栽培をすることによって、委員会の目的が遠からず実現することを強く確信するものである」[20]

ジェンキンスはこのことについて次のように記している（年次については誤認もあるようであるが）。

「カルカッタの茶業委員会は、一八三五年末になってやっとアッサムの茶が栽培するに値する茶であることを認めた。話題になった茶の見本は、いままではカルカッタの植物学者からカメリアだと言われてきた。この茶発見はブルース氏ただ一人の功績である。氏は一八三六年に製造した茶を送ってくれたが、どうも口に合わなかった。翌年、氏はゴードン氏が中国から伴ってきた中国人の製茶職人をつかって製茶している。次の年一八三八年には、同じく中国人と彼らに製茶法を学んだ現地のインド人が製茶して、このサンプルは私も受け取っている」[21]

なお、この時点でジェンキンスらの現地行政官たちは上アッサム地方を茶園適地と考えていたことは、一八三五年三月国境外からの新たなカムティ族の移動に際して、茶園適地を除外して彼らの移住を認めている[22]ことから推察される。

この自生茶公認の結果をうけて委員会では次のことを決定した。

① 中国に茶種子等の収集に派遣されているゴードンに派遣目的消滅の理由から帰還させること。
② 発見されたアッサムの自生茶と政庁直営実験茶園設置のための最適地点の調査報告することを目的とした調査団を現地に派遣すること。

ゴードンについては、一八三五年二月三日帰還するよう書簡が発せられたが、この書簡が彼の手元に届く前にすでに中国茶の種子がカルカッタに送られていた。

アッサムにおける自生の茶樹確認の報告を受けたインド政庁は、アッサムでの茶生産の可否について科学的な調査を行なうため、調査団を派遣することにした。

アッサム茶調査団には、カルカッタ植物園長ウォーリッチ、地質学者マックレランド Dr. John McClelland、植物学者グリフィス Dr. William Griffith が任命され、一行は一八三五年八月二十九日文明の最果ての地であるサディヤに向けカルカッタを出発した。一行がアッサム・バレー南部のメガラヤ丘陵地域（シロン山地）南縁部にあるチェラブンジを通りメガラヤの丘陵を越えノンボー、アッサムの行政上の中心地ガウハッチを経てサディヤに到達したのは翌年一月のことであった。ここでブルースが合流して彼の案内で一月十五日から三月九日まで自生茶の自生地域数か所を調査した後、三月二十一日には帰途についている。

グリフィスの報告によると、茶の木は樹勢旺盛で成木の樹高は一二～二〇フィートあり、直径は一インチほどで二インチをこえるものはなかった。二月に見た茶の木には果実がなっており、まだ茶の花をつけているものもあった。また、成葉は大きく、鮮やかな暗緑色を呈していたとも記している。

しかし、この科学的調査団のアッサム茶に対する見解は異なっていた。アッサム茶は長年にわたって放置されてきたため退化してはいるが、中国茶と同じ茶であることについては疑問を持たなかった。けれども茶の栽培適地としてはウォーリッチはより西方のヒマラヤ山脈地方を主張し、一方マックレランドとグリフィスはアッサム茶の自生地のほうが茶栽培には適していると考えた。

また、ウォーリッチは中国茶の種子をもはや導入する必要はないとするのに対して、グリフィスはアッサムの自生茶は長年栽培された中国茶に勝ることは考えられないことから、中国茶の種子の輸入を続行することを推奨した。(23)

なお、ウォーリッチらは中国種に対してCamelia bohea、アッサム種に対してCamelia Thiferaとの名称を付している。(24)

結局、政庁の実験茶園ではアッサム茶よりも中国茶を栽培することになり、この年（一八三六年）、ゴードンが再び中国茶種子導入のために中国に派遣された。以後定期的に中国茶種子がインドに輸入され、インド各地における中国茶の栽培が続行された。

このことから理解されるように、当時の総督を始め政庁・東インド会社等の茶に関心を持つものの関心事は早期に商業的ベースにのりうる茶産業の創出であり、実験茶園もその実現可能性を証明するためのものであった。そしてその基準となるものは中国茶種であり中国茶式製造法であり、アッサム自生の茶樹を十分に調査研究することによって、アッサム自生茶によるインド茶業の育成・発展を目途とするものではなかった。そのためインドにおける自生の茶樹の存在は、茶園開発可能な自然条件を備えた地域であるとする茶園立地の判断基準とされた。

ところで、アッサム地方の茶の自生する地域は、種々の記録によるとブラマプトラ川左岸部の丘陵地帯に集中しており、この地域はまた山地民族の居住地域でもある。ブルース兄弟が最初に自生茶と接触したときにこれを仲介したジュンポー族もこうした山地民族の一つである。したがって、自生の茶樹のあるところを目標とした茶園開発の進展は山地民族の生活圏に茶園が入り込むことになり、彼らの生活を脅しイギリス人との間に種々の軋轢を惹起することになる。

六　アッサム茶産業の開始

アッサムにおける最初の実験茶園は、サディヤ近くのコーンディル川 Koondil とブラマプトラ川との合流点に設置されたといわれる。しかし、コーンディル川は直接にはブラマプトラ川には合流していない。ビルマ国境から西流するルヒット川 Luhit にサディヤの東側で合流している。この最初の実験茶園は砂層の上に数インチの沖積土が堆積したところで、茶の幼木を移植したところ根の先端が肥料分に乏しく透水性に富んだ砂層に届いたところでほとんどが枯死してしまい、茶園開発は失敗に終わった。その後、増水期にあふれた水がその痕跡を流し去ってしまった(25)。

最初の実験茶園での生き残りの茶のうち幾本かは、当時、軍の司令部が置かれていたジャイプール Jaipur に移植された。ここの茶園では、これらの茶の木は成長した。

現在、ここには次のように記された記念碑が置かれている。

JHANZIE TEA ASSOCIATION
Jaipur Divison
The China plants in this plot were rised
from seed imported from China about 1834.

一八三六年十月一日付けの報告書で、ブルースはサディヤ実験茶園の放棄とジュンポー族の居住する森林地帯への移転を求めており、一八三七年新たな実験茶園は自生茶の分布するマタック地方のチャブワ Chabwa（ディブルガル Dibrugarh 東約二九キロ）近くのディーンジョイ Deenjoy に開設され、カルカッタから輸送された中国茶苗木の生き残りが移植され、ジャイプールの場合と同様、いちおう栽培に成功している。そして、一八三九年にはわずかの量であるが、茶が生産されるまでに至ったとされている。

一方、ブルースはアッサム茶園監督官（一八三六年四月）として中国種茶樹栽培を進めるかたわら、アッサム自生茶の調査・研究を単独で行なっていた。彼は一八三六年からマタック周辺のアッサム自生茶樹を利用してジュンポー族やその他の山地民をつかって摘葉させ、ゴードンが中国から連れてきた製茶技術者に製茶をさせている。中国から輸入された中国種の茶はいまだ摘葉が可能になるまでは成長していなかったので、アッサム産の最初の茶は純然たるアッサム自生茶葉から製造されたもので

図49　初めて中国の茶樹を導入したアッサムの茶園

ある。その後、しばらくの間はアッサム自生茶葉からの生産が続けられた。

一八三六年にブルースがアッサム自生茶葉を使って製茶した茶は、時のインド総督オークランド卿George Eden（Auckland）に「良質」good qualityであると認められたが、先述のようにジェンキンスの評価は低いことから、オークランドの評価には初のインド産茶に対する賞賛の意が加味されたものと考えてよさそうである。

一八三八年五月、アッサム産の茶八箱約三五〇重量ポンド（約一六〇キログラム）がイギリス本国に向けて発送され、十一月ロンドンに到着した。翌一八三九年一月十日東インド会社の手でオークションにかけられ、ご祝儀相場であるが一ポンド当り二〇シリング以上の高値で落札された。これがイギリスに輸入されたインドのアッサム茶の最初であり、インド紅茶産業の出発点でもあった。イギリス茶業界に与えた影響も大きく、一八三九年入荷して一八四〇年三月十七日オークションにかけられた八五箱の茶が、業者の見積もりでは一ポンド当り二シリング一一ペンスから三シリング三ペンスであったにもかかわらず、八シリング以上一一シリングまでせり上げられていることからも、インド産の茶に関する関心を高かったことを示している。

この結果からインドのイギリス政庁および東インド会社は、次のような結論を導き出した。それは当局によるインド茶業創出のための実験段階は終わり、今後インド茶産業を発展させるために本国の民間資本を導入すること、そのためには上アッサムの政治情勢を安定させる必要からアホム王族ら現地人による支配権を剥奪してイギリスによる直接統治に切り替えることであった。

前者の民間資本の導入は順調に進行して、一八三九年インドのカルカッタでthe Bengal Tea Associationが、イギリスのロンドンで「アッサムで新しく発見された茶樹を栽培することを目的とした」会社the London Companyが設立された。両者は一八三九年五月三十日合併してアッサム会社The Assam Company（資本金五〇万ポンド）として発足した。

後者については、かなり困難な問題が横たわっていた。先述のようにアッサム地方は、第一次英緬戦争の結果ビルマがヤンダボ条約でその支配権を放棄したところである。ところが当時イギリス当局者にとってこの地域はさして重要な地域とはされず、むしろ統治しがたい未開の地であり、ただ対ビルマ戦略上の観点から評価されるだけであった。したがって、当地方の支配は現地人にまかせ税収が確保できればそれでよしとされた。

しかし、一八三〇年後半茶業適地として脚光をあびると、当局は一転して直接統治の方針を打ち出し現地支配者の排除に乗り出した。これとともに現地人の抵抗も激しくなり、この地方の政治情勢は逆に不安定になってきた。一八三九年一月のサディヤにおけるカムティ族の反乱では、サディヤの軍駐屯地が襲撃され，ホワイトColonel White以下八〇人が殺傷される事件が起きている。その後も同様な事件が頻発するようになり、茶業の進展とともにイギリス当局を悩ませることになるのである。

注

(1) William H. Ukers, All about Tea New York The Tea and Coffee Trade Journal Company, 1935.　p.135
(2) 矢沢利彦『東西お茶交流考』東方書店　一九八九　一六二頁
(3) P.Griffiths, The history of Indian Tea Industry, London, Wiedenfeld and Nicolson, 1967.　p.36
(4) Ukers, op.cit., p.135
(5) E.A.Gait, op.cit.,p.404
(6) Griffiths, op.cit., p.36
(7) 角山栄『茶の世界史』中央公論社　一九八〇　一一八頁
(8) Griffiths, op.cit., p.36
(9) 中尾佐助『栽培植物の世界』中央公論社　一九七九　一九五～一九六頁
(10) Griffiths, op.cit., p.36
(11) 守屋毅『喫茶の文明史』淡交社　一九九二　一〇一頁
(12) ヘンリー・ボブハウス著　阿部三樹夫・森仁史共訳『歴史を変えた種』パーソナルメディア　一九八七　二一一～二一二頁
(13) V.Elwin, India's North-East Frontier in the nineteenth cenury, 1959, pp.409～410

（14）春山行男『紅茶の文化史』平凡社　一九九二　一一七頁
（15）加藤祐三『イギリスとアジア』岩波書店　一九八〇　一二三～一二六頁
（16）ブライアン・ガードナー著　浜本正夫訳『イギリス東インド会社』リブロポート　一九八九　二六八頁
（17）Griffiths, op.cit., p.33
（18）カール・マルクス著　長谷部文雄訳『マルクス資本論　第一部全』河出書房　一九六四　三四六頁
（19）ガードナー　前掲書　二七四頁
（20）Ukers, op.cit., p.139
（21）Gait, op.cit., p.406
（22）Elwin op.cit., p.358
（23）Ukers, op.cit., p.140
（24）大石貞男『日本茶業発達史』農山漁村文化協会　一九八三　三八二頁
（25）Ukers, op.cit.,p.140

第七章　アッサム茶産業の発展

一　初期の失敗

◎失敗の原因

一八三九年、インドでの茶生産の実験結果はすべて満足すべきものであると判断した政庁は、その成果を民間の資本家に委ねることにした。

同年一月、サディヤでのカムティ族の反乱直後、サディヤの対岸のサイカSaikwaにイギリス軍の駐屯地が「多くの粗野で獰猛な山岳民族の急襲から茶園を防衛するto protection to the Tea Gardens from the sudden aggressions of the numerous wild, fierce, border tribes」[1]目的で設けられた。

同年五月に発足したアッサム会社に対して政庁は、アッサムに所有していた実験茶園の三分の二を最初の一〇年間の免税で譲渡した。C・A・ブルースは北部地区の管理者となり、事務所がジャイプールに置かれた。一方、南部地区の管理者にはカルカッタ在住の農業および植物専門家のマスターズMasters が就き、事務所はナジラNazira に置かれた。なお、後日、東部地区が設けられた。

会社が最初に直面した問題は労働力不足であった。長年にわたる内乱とビルマによる占領でアッサムの人口は激減していた。しかも農業を主体とする自給経済が優越するこの地域では、アッサム人は茶園での束縛的な労働を好まず、農民として自立することを選んだ。

そこでカルカッタやシンガポールから数百人の中国人が集められた。しかし彼らは靴職人や大工など茶の製法にはまったく無知なものばかりで、しかも性格粗野で喧嘩早く往路現地人と衝突してカルカッタに帰ってしまった。次にベンガルなどインド各地で労働者を募集したが、これまた往路にコレラが蔓延して多くの犠牲者が出、生き残った者もどことも知れず消えてしまうといったケースもあった。

長い旅程（十九世紀後半、蒸気船でブラマプトラ川河口からディブルガルまで三週間以上必要とされ、一週間で行けるようになるのは一八八三年のことであった）で疲労した移住労働者に対して、アッサムの自然は恐ろしい運命に導く疾病をもって迎えた。マラリア、赤痢、コレラなどに有効な手立てがないまま、無防備な状態で多くの労働者が送り込まれた。結果は明白で、労働者の三分の一は半年で命を落としたといわれる。(2) アッサムの厳しい自然条件のもとではインド人労働者のみならずヨーロッパ人でも死亡率は高く、会社の医者も例外ではなかった。

初期のアッサム茶園パイオニアたちの欠かせない携行品に薬品箱があった。

「縁者全てから隔絶され、一かけらの楽しみもなく、毒気の満ちた空気に晒され、果てるともなく続く蒸し風呂のなかで神経をすり減らしていた」パイオニアたちにとって、「毎朝キニーネ、週二回ヒマシ油、月一回甘汞」[3]の服用がここで生きのびる道であった。しかし、これとて生命の保証とはならなかったのではあるが。

しかも、これらの薬品類は高価であり、一般の茶園労働者には高嶺の花であった。マラリアの特効薬キニーネは十九世紀の中ころで一日の必要量には一シリングかかり、労働者の毎日の食費の数十倍であり、労働者をマラリアから守ることは高くついた。毎朝茶園に出かけるときに、茶園労働者がその日の服用量を支給されて飲むようになったのは、インドでキニーネが自給可能になった一八八〇年代のことであるといわれる[4]。

こうした労働力不足と疫病蔓延にもかかわらず茶園の開発は進められ、一八四一年八月の年次総会では、二六三八エーカー（約一〇五五ヘクタール）の茶園開発と一万二一二ポンド（約四六〇〇キログラム）の茶生産量（一八四〇年度）が報告されている。会社の経営陣は楽観的で生産高は一八四一年には四万ポンド、一八四五年には三二万ポンドまでに増加するとの見通しをたてていた。しかし実際には一八四一年の生産高は二万九二六七ポンドにしか達せず、しかも投入した総生産費の方は一六万ポンドにのぼっていた。この高い生産費から忌まわしい風評が立ち始め、会社の前途に暗雲がたちこめた。一八四三年、カルカッタの理事会は不振の原因調査のためにマッキー J.M.Mackie とホジィーズ Hodges をアッサムに派遣した。その結果、ブルースとマスターズはともに解雇された。一方、ロンドンの理事会は徹底的な改革を約束した。

なお、アッサム会社はその創立の経緯からロンドンとカルカッタにそれぞれ理事会が設けられており、現地の経営管理はカルカッタの理事からなる委員会に委ねられていた。その後、数年して経費削減と生産量の若干の増加をみて会社はいまだ利益が生じていないのにもかかわらず一八四六年一月一株当り一〇シリングの配当金を発表した。イギリスではインドでの茶産業は成功していると信じられていたが現実は正反対であった。予想した収穫量は裏切られ、救いがたい管理が相変わらず続けられていた。茶園管理者のなかで、茶生産増加に必要な茶樹の栽培方法を知っている者はほとんどいなかったからである。

ロンドンの理事会は更なる経費削減のため、一八四六年にはジャイプール茶園などを閉鎖した。一八四七年になっても茶業の成功はおぼつかなく、ロンドンでは事業を継続することに悲観的になって、カルカッタの理事会に所有財産の処分をすら求めている。もっともカルカッタの理事会はこれに応じなかったけれども。結局、会社は生き残ったが破産の崖っぷちに立たされていることに変わりはなかった。それはアッサムの茶産業にとってまさに暗黒の時期であった。会社の負債は多額にのぼり、信用は失われ、資産は食いつぶされ、茶園は荒廃していった。

このような事態に対して、フォーチュンは中国茶業の調査結果からおおよそ次のように述べ、アッサム地方の茶業の将来に否定的な見解を示している。

「アッサムにおける茶業は満足な結果をもたらしていないことは事実である。中国の茶産地での私の経験からすると、アッサムのような南の地域でなくインド北西部のヒマラヤ山地のほうが茶業に適していると思う。純正な茶（Thea viridis）は中国南部ではみあたらず、植えても育たない。ブラック・ティーの生産が盛んな福建では高度二～三〇〇〇フィートで栽培されている。しかもこういうところで栽培しても、例えばAnkoyという茶は北方のところで産する同種の茶に比べてかなり品質が劣る。これは中国でもインドでも同じことである。

ヒマラヤ山地のなかには、高度、土壌そして気候の面から中国の茶業のもっとも盛んな地域と同様のところがある。サハランプルの東インド会社植物園長ロイリー博士Dr. Royleはクマオン Kumaon、グルワール Gurhwal,シルモレ Sirmoreが適地であることをインド政庁に勧告し、アッサム産茶より優れた芳香の茶を産することは疑いないと述べた。一八三六年からファルコーナ博士Dr. Falcornerの手によって茶業開発が進められた。茶種子はAnkoyから、また製茶技術者はアッサムの政府実験園から集めておこなわれた。その結果は満足するものであり、イギリスに送った茶見本に対する専門家の評価によると、それはウーロン茶クラスに相当し品質的にも優れており、価格的には一重量ポンドあたり二シリング三ペンスから三シリングになるとされた。ただし、Ankoyのある福建省の茶Thea viridisは浙江省のそれと比べると質的に劣るから浙江省の茶樹を大量に導入することが必要である(5)」

中国の茶が丘陵地や山地に栽培され平地では見られないことを見聞したフォーチュンが、インドにおける茶栽培適地として同様の自然条件をヒマラヤ山地に求めたのは、彼が中国種の茶に視点を限っていたことから当然の結論であった。ちなみに、一八四二年クマオンで造られた茶はロンドンで高い評価を受けた。中国のウーロン茶Oolongとほぼ同じで、水色は普通のブラック・ティーより薄く麦わらのような色である。上等なウーロン茶に比べて芳香が弱く乾燥が強過ぎるtoo highly burntが上品な芳香であるとされた(6)。

アッサム地方における茶園開発の失敗は、中国種茶栽培の失敗であった。中国の茶にこだわる時、アッサムにおける茶産業の展望は開けなかった。

高温多雨、恒常的な洪水、希薄な人口や未発達な交通手段など厳しい自然・社会条件のアッサムで茶産業が開始された理由は、アッサムに茶樹が自生している、したがって茶栽培はアッサムで可能である、ゆえに中国茶産業の移転は可能であるという、ある意味ではきわめて単純な理由からであった。しかも、株式会社として株主に利潤を保証するため、リスクの少ない方法すなわち茶樹が自生しているという適地選択と完成された中国の茶樹と製茶法の導入が採用された。しかし、まさにこの点にこそ初期段階での危機的状況が生じた根本因があった。

後日、アッサム茶産業確立の功労者といわれたウイリアムソンG.Williamsonがいみじくも述べた「いまいましい中国のジャットJat（ヒンドゥー語で、本来は社会的階級を意味する）」「邪悪evil」が問題であった。そもそも茶樹が自生しているとしても、アッサムの自然条件は中国の茶成育地域とは大いに異なるものであり、フォーチュンが指摘するように中国茶樹と中国茶産業をストレートに移転することには無理があった。すなわち「茶は中国の茶樹から」という神話を打破して、アッサムの茶樹から茶産業を再出発させることが問題解決の鍵であった。

◎シェイド・ツリー

アッサムの茶園に立ったとき、最初に印象づけられる光景は、見渡すかぎり続く人の腰の高さにきれいに刈り込まれた茶樹の絨緞と、これを中空で覆う整然と栽植された緑の傘、すなわち庇蔭樹からなる茶園である。日本の茶園ではまず見られない独特の茶園景観である。アッサム茶園を紹介する日本の紅茶の概説書では必ず触れられている事実であり、この庇蔭樹すなわちシェイド・ツリー shade trees については「アッサムの茶園の特色」であるとされる。その効用については「一般に平原地帯では強烈な直射日光を避けるためにアルビジア（豆科）を庇蔭樹として植えているが、緑肥効果もあるようだ」[7]とされる。

紅茶は茶葉内のタンニンの酸化によって独特の香りや水色がつくられることから、タンニンが多いことが最大の要件となる。茶葉内のタンニンの含有量は日照が多く温度が高い程多くなることは立証されており[8]、一般に程度の問題ではあるが、紅茶の高温多照と緑茶の低温寡照はそれぞれの品質を決める気候条件である[9]。

しかし、アッサム・バレーの気候条件はシェイド・ツリーによって直射日光をある程度遮断しないと茶葉の成育が阻害される程の高温多照となることがある[10]。

こうした気候条件のもとでは、低温寡照を基本的気候条件とする緑茶の茶樹と、その栽培技術をそ

表3　紅茶産地の月別平均最高気温

地点	緯度	高度	1	2	3	4	5	6	7	8	9	10	11	12
アッサム	26° 17N	260	23	24	27	29	30	32	32	32	31	29	26	23
ニルギリ	11° 20N	5,800	25	26	29	28	27	22	21	22	22	23	24	24
ネワラ（スリランカ）	6° 59N	6,200	24	24	23	23	23	21	23	22	22	25	24	24
ケリチョ（ケニヤ）	1° N	7,200	23	24	24	22	21	21	20	20	21	22	22	22
ミモサ（マラウイ）	16° S	2,200	27	27	27	28	25	23	24	25	21	21	30	30

（高度単位はフィート、気温単位は摂氏であり、下線部分は茶摘み期間を示す。Barundeb Banerjee『TEA Production and Processing』による）

のままの形で導入・定着させるのは困難であり、ここからアッサムの気候条件に適合したアッサム自生の茶樹を用いた、インド式茶栽培と製茶技術によるイギリス紅茶が成立した。庇蔭樹のある茶園景観はこのことを具象化したものである。

茶園経営にシェイド・ツリーを採用したのは、C・A・ブルースが茶園造成のため密林を切り開いたときにたまたま切り残した樹木の下の茶樹の成長が周辺の茶樹に比べて顕著であることを発見したことによるとされる。彼は樹蔭での茶栽培も試みている。その樹木が荳科のアルビジア・シネンシスAlbizzia chinensisであったことから空中窒素固定作用も期待され、これと同様の機能を持つ樹木が次々に採用されるようになった。

もっともシェイド・ツリーの本格的な採用は十九世紀末のことであり、その科学的研究は今世紀に入ってからである。しかも紅茶生産各国ではその効用については論争がある。アッサム以外の茶園ではむしろシェイド・ツリーを除去したほうが、病虫害の発生を減少させ、茶葉収量を増加したといった例も見られている。(11)

こうしたことから、アッサム茶園からインドやスリランカそしてアフリカ諸国へと波及したインド式紅茶生産地域で、現在シェイド・ツリーがすべてに採用されているわけではないが、世界各地の紅茶生産はアッサムの自然条件を巧みに利用した結果の産物「インド式イギリス紅茶」を受容・産業化したものであることは事実である。

このように自然条件のうち気候条件一つを見ても、中国茶栽培に不利なアッサムの地に茶産業が開始されたのは、唯一の根拠すなわち茶の自生地であるということだけであった。この唯一の根拠がこの地の茶産業開発初期の段階で直面した障害であった。すなわち、自然条件に適合している自生茶樹に目を向けない以上、産業としての茶業発展の可能性はアッサムではきわめて少なかったのである。

しかも開発初期においては、茶の自生している平地林を狙って開発したため、茶園開発地点が分散し開発規模も小規模であった。これはコスト高に直結していた。

こうしてみると、アッサム茶産業はアッサムの自生茶を用いた大規模経営すなわちインド紅茶産業への道を選択した時、その将来性が望めたのである。

二　中国紅茶とアッサム紅茶

◎中国紅茶

ところで、アッサム地方で始められたブラック・ティーとは、どのような茶であったか、どのような製法であったか、また導入した製法がどのように改良されてアッサム自生の茶と結合していったか、いわゆる「アッサム紅茶」が創出されていったかについて、少し考えてみる。

茶史では、紅茶は中国に起源があるとする見解が定説となっている。しかし、紅茶は完全発酵茶であり、不発酵茶の緑茶、半発酵茶の烏龍茶と区別されると定義しながらも、その製法などから完全発酵の茶とはとうてい考えられない茶を紅茶として、紅茶の起源が論じられている場合が多い。ときには「半発酵紅茶」という紅茶が登場することもある。したがって、紅茶の起源を考える場合には、烏龍茶のような半発酵茶を含めて発酵茶を紅茶と定義しておくほうが混乱がなさそうである。

そこで、製法的に発酵工程が多少なりとも含む茶をして紅茶とするならば、紅茶の起源を中国におくことには問題がない。アッサムに中国のブラック・ティーの製法が導入されるまで、世界でも中国を除くと製茶を行なっていたのは日本だけであり、しかも日本では明治初期まで緑茶製法しか存在しなかったことから、発酵工程を含む茶の起源は考えられない。問題は、紅茶起源の論議において紅茶という名辞が独り歩きして、完全発酵の紅茶の起源であるかのような錯覚が生じていることである。

中国紅茶の起源については宋代・明代・明中期・明清交代期・十八世紀中期など多くの説が出されているが、そのいずれもが発酵の痕跡を求めた結果で、それは発酵をともなった茶の起源であり、完全発酵の紅茶の起源ではない。このように、発酵を含む茶の起源が紅茶の起源と同一視されているのは、一つにはブラック・ティーと関係があると考えられる。欧米では十八世紀後半には中国茶をグリーン・ティーとブラック・ティーに大別していたことから、ブラック・ティー＝紅茶とすると少なくとも十八世紀には中国に紅茶が存在したことになる。こうして紅茶は中国起源であるという見解が定説化されたと思われる。

「世上、紅茶については、ヨーロッパ人の嗜好や、わが国への伝来の由来から、いわばバタくさいイメージをもち、加えて、現今の状況からする先入主によって、ややもすれば、その起源をインド・セイロン辺にもとめがちであるが、もとよりそれはあやまりである。ただ、中国における紅茶の起源について、管見の限りでは、まだ明記されているものを知らない(12)」

十九世紀前半、フォーチュンやC・A・ブルースのいうブラック・ティーは、彼らの記述が正確であるとするならば、確かに発酵工程を含む茶ではあるが完全発酵の紅茶ではなく、半発酵のウーロン茶系である。フォーチュンによると、現地中国人は同じブラック・ティーでも国内用のはLuk-cha（緑茶）、輸出用はHong-cha（紅茶）と呼んでいたということである。ブラック・ティーといっても中国の茶生産者はあくまでも緑茶または茶を製造しているとの認識であり、「紅茶」は輸出用に特化された緑茶であった。

したがって「紅茶」という名称が中国で用いられたのは左の資料によってわかるように、さほど古いことではない。

光緒『岳州府四県志』（湖南省）の『巴陵県志』巻七、輿地志によると、

道光二十三年（一八四三）。輿外洋通商後。廣人毎挟重金。来製紅茶。土人頗享其利。日曬色微紅。故名紅茶。昔之稱蘭芽鍋青用火焙者。統呼黒茶云。

同治『崇陽県志』（湖北省）巻四、食貨志では、

往年。茶皆山西商客。買於蒲邑之羊樓洞。延及邑西沙坪。其製。采粗葉入鍋。用火燘。置布袋揉成。収者貯用竹簍。（中略）出西北口外賣之。名黒茶。道光季年粤商買茶。其製。采細葉。暴日中揉之。不用火燘。雨天用炭火烘乾。収者砕成末。貯以楓柳木作箱。内包錫皮。往外洋賣之。名紅茶。(13)

十九世紀になると、イギリスの茶需要が激増し、中国では従来の緑茶生産地域にも輸出茶の生産が拡大するが、この際に「紅茶」という名称が用いられるようになった。この「紅茶」という名称が何に由来するかは不明であるが、少なくとも日本のように紅茶を湯に通して出る水色に起源するものでないことは明らかである。中国で紅茶という名称が使用されたころ、紅茶は輸出用商品であり国内あるいは自家用として消費するものではなかったから、とくには水色に注意する必要はなかったであろう。したがって、この名称は前掲史料の内に「日曬色微紅。故名紅茶」とあることからみて製茶工程、

すなわち茶葉の摘採後の日光萎凋から生じる茶葉の赤銅色（微紅・bright coppery tint）に着眼したかとも思われる。紅茶を「紅邊」と呼んでいる例もある（『沙縣志』巻之八　茶業）のもこの辺の事情を示している。

ところで、この輸出茶「紅茶」とはどのような茶であったかについては、実物が存在しないことから明確ではない。ただ、十九世紀前半に輸出茶生産の中心地と目される福建省におけるブラック・ティーの製法について、ロバート・フォーチュンが記録しているのが参考になる。彼は南京条約締結（一八四二）直後の一八四三年、中国に入り三年間、広東省、福建省、浙江省の茶産地を調査した。そしてグリーン・ティーとブラック・ティーの製法を報告しているが、そのなかで福建省のブラック・ティー製法についておおよそ次のように記している。

「山から摘んできた茶葉は竹で編んだ平らな大きな笊に広げて、日に当てて余分な水分を乾かす。この時は余り日射の強くない日を選ぶ。余分な水分が蒸発した後に、程よく熱した、中国人が料理用に使うような丸くて平らな鉄鍋に入れる。茶葉はぱちぱちと音をたてて大量の水分を出し、しなやかになる。手で攪拌しながら五分程して大きな丸く平らな竹製の笊に移す。これを揉みやすい高さの机の上の乗せて、四・五人がかりで揉捻する。一・二分揉捻して机の上にひろげてまた集めて揉捻する。これを三・四回繰り返した後、別の大きな丸く平らな竹製の笊に薄く広げる。ここから自家用の茶と輸出用の茶では製法が違ってくる。

自家用は天日干しを一～二時間程行う。薄曇りの日が都合が良いが、少なくとも強い日差しは避けるように注意される。次いで部屋のなかに取り入れられ、竈の上に置かれた竹製の笊に入れ、弱い炭火等で数分乾燥させる。さらに篩にかけて大小の茶葉に分けて別々の笊に入れ、竈の上でじっくりと一時間程乾燥して仕上げる。

これに対して輸出用は揉捻に念を入れ、大きな莚に広げる。強い日差しが当たらないように注意しながら天日乾燥を一～二日続ける。この間に茶葉はかなり黒みを帯びたものになる。この黒みを帯びた茶葉を鍋に入れて乾燥する。熟練した者が竈口で火力を調節し、未熟な若者が、先を割いた短くて太い竹棒で茶葉を焦がさないように攪拌し続ける。こうして茶葉が黒くdark colourなるまで乾燥して仕上がる。現地の人は自家用の茶をLuk-cha、輸出用の茶をHong-chaと呼んでいる(14)」

要するにこの製茶工程は次のようになる。

摘採→日光萎凋→釜炒（五分）→揉捻
- →天日乾燥（一～二時間）→火気乾燥（笊）（緑茶）Luk-cha
- →天日乾燥（一～二日間）→火気乾燥（鍋）（紅茶）Hong-cha

日光萎凋、釜炒り、揉捻、天日干しの順の工程からこのブラック・ティーは半発酵茶ということになる。そして輸出用は茶葉に黒みを帯びさせることを目的として、揉捻後に天日干しを長時間かけ、乾燥の度合いも強めている。この製法は外部（イギリス）からの要請にもとづくものであることは明らかである。

揉捻の後の天日乾燥がどの程度の発酵をともなったか明らかでないが、完全発酵の紅茶でないことは確かである。

ブラック・ティー

十八世紀後半まで欧米ではグリーン・ティーはティア・ヴィリディス Thea viridis（小葉種）、ブラック・ティーはティア・ボヒー Thea Bohea（中葉種）と別々の茶樹から造られると信じられていた。そしてティア・ボヒーから生産される茶は、福建省の武夷山（ボヒー）に産するとされた黒味がかった茶ボヒー Bohea にちなんでボヒー・ティーと総称されていた。

しかし、十八世紀後半以降ボビー・ティーとグリーン・ティーとも同一の茶種からなり、栽培地域の土質、栽培方法、加工工程などの相違によって両者に差異が生じることが理解されてくるにしたがって、ボビー・ティーという名称は用いられなくなった。

そしてボヒー・ティーの代表であったボヒーやコングー Congo の特徴である茶葉の黒味がかった色を呈する茶、いわゆるブラック・ティーがグリーン・ティーと対比される名称として定着するようになった。

フォーチュンが中国におもむきグリーン・ティーもブラック・ティーも同一の茶樹から造られ、製法のみが異なることを確認してから、両者の相違は製法差と認識されるようになった。彼はティア・ヴィリディスとティア・ボヒーのいずれからもグリーン・ティーもブラック・ティーも造られていると記している。彼は福州付近の茶はすべてティア・ヴィリディスであり、これから農民はブラック・ティーを製造している。ティア・ボヒーは福建省では見受けられず、むしろ広東省において一般的であると述べている。

このようにティア・ボヒーから生産されるとされたボビー・ティー（ブラック・ティー）は地域性をともなったグリーン・ティーの変形に過ぎなかった。

したがって、ブラック・ティーでも「スーチョン（小種）茶」の「湯の色は、黄緑色」であり、「カムポー（揀焙）茶」の「湯色は青白く、薄い」とあるように、グリーン・ティーと同様の茶もあった。(15)

要するに、ボヒー・ティーあるいはブラック・ティーと呼ばれた茶は、少なくとも十九世紀前半までは発酵工程をともなった茶、グリーン・ティーの変形であった。

ところで十八世紀に中国茶への需要が高まったイギリスでは、しだいにグリーン・ティーよりもブラック・ティーそれもコングー（工夫茶）に嗜好が集中しだした。中国では、これに応じて製茶工程に改良を加えて、ウーロン茶より酸化発酵の強いコングー紅茶を造り上げたとされる。(16)

発酵をともなったブラック・ティーが完全発酵のブラック・ティーに至る経過は酸化発酵を強めることであるが、最初から発酵という工程の改良が考えられたわけではない。そもそも紅茶製造工程のなかでもっとも重要な発酵という工程について、その化学的解明は少なくとも十九世紀前半ではなされていない。アッサムでの茶業初期には発酵工程の意味が理解されず、十九世紀の七〇年代になってもごくわずかな発酵しか行なわない製茶法も行なわれていた。

イギリスに需要が多い茶は茶葉が黒味がかっていて芳香が強く水色の濃い茶であり、中国では経験的にこうした特徴の茶は、釜炒りの前段階の萎凋や揉捻およびその後の処理に時間を加えることによってできることを知ったと考えられる。

アッサムでC・A・ブルースがブラック・ティーを中国の製茶技術によって製造したとき、彼は茶葉に黒みをつける技法が用いられたことを述べている。

「日光萎凋のあと、中国技術者達は両手で茶葉を打ちつける。次に茶葉を拾っては振り落とす。そしてこれを再び日光萎凋にする。この作業を三回繰り返す。この作業の効用について、技術者達は茶葉に黒色をつけ芳香を強めるためであると言った。the beating and putting away being said to give the tea the black colour and bitter flavour.」

とあり、茶葉の色すなわち黒色と強い芳香がこのブラック・ティーのセールス・ポイントであり、そのための工夫があったことを物語っている。

このように、ブラック・ティーといっても十九世紀前半までの中国産のそれは、完全発酵の茶ではなく半発酵の紅茶が主流であった。後日、完全発酵のブラック・ティーが生産されるようになっても紅茶の名称は残り、ボヒー・ティーの範疇にあった商品名が中国では紅茶の範疇にそのまま存続することになり、さらに後発茶である烏龍（ウーロン）茶などの半発酵茶もこの範疇に含まれるようになった。もっとも、二十世紀になり烏龍茶の製茶法が特化すると紅茶から分離して烏龍と包種は烏龍茶として分類されるようになった。[17]

完全発酵の紅茶の起源については、中国に起源をおく通説に対してインドに起源を求める見方がある。

◎アッサム紅茶

「イギリスでは、緑茶よりは、半発酵の烏龍茶の嗜好が集り、烏龍茶の発酵をさらに進めて、今の紅茶が漸次とくにインドで作られていったのではあるまいか。それに刺激され、中国でもイギリス人の好む完全発酵の紅茶が作られるようになったと考えられる[18]」

このように紅茶の起源をインドとする場合、その過程はどのようなものであったかを見ておく。

先述のように一八三〇年後半、インドのアッサム地方に中国よりブラック・ティー製法が導入され、茶生産が開始されることになるが、その製法はC・A・ブルースによれば、摘採→日光萎凋→攪拌・揺青→釜炒→揉捻・玉解の工程であり、半発酵茶の製法である。

現在の鉄観音、武夷岩茶など半発酵茶の製法はそれぞれ複雑な工程で製茶されているが、基本的には屋内外の萎凋工程である程度酸化酵素を活性化させたのちに、釜炒工程で酸化酵素の活動を停止させ、あとは徐々に乾燥させていく製法で、この手順はインドに導入された製法でも差異はない。

この点について、陳彬藩は『茶経新篇』で、

「彼らが当初採用していた製茶法も武夷岩茶とだいたい同じであり晒青、晾青、揉捻四回、鍋

炒二回以上、烘焙二回など合計十二の工程であった。しかも所要時間が三日間と長く大規模な機械化作業に適さなかった。そのため一八七一年以降になると萎縮の手間と時間を短縮し合計五工程とした。そのため作られた茶は、中国のウーロン茶でなくなり、全発酵のイギリス紅茶となったのである[19]」

と述べており、半発酵の茶の製法であったことは間違いない。

ゴードンが中国製茶技術者をアッサムに送り込んだとき、ブラック・ティーとグリーン・ティーの両方の技術者がいたが、ブルースはアッサムにおけるグリーン・ティー製法の採用には最初から懐疑的であったようである。彼は「阿片常用者」であるアッサム人 Opium-smoking Assamese の就労状況等から少なくともアッサムではグリーン・ティー製造は困難であり、中国技術者をカルカッタあるいは本国イギリスに送ってグリーン・ティー製造を試みてはと提案しているほどである。

ブルースがアッサムで製茶を始めたとき、彼の手元には二人の中国人ブラック・ティー製造技術者しかいなかった。したがって一人の技術者と現地採用の助手六人を一組として二か所しか製茶場は設けられなかった。一方、集約的な茶園が未完の状態では原料の茶葉は広範囲に分散する自生茶からの摘葉・運搬をせざるをえず、このことは運搬途中での茶葉の発酵を促進させた。しかも、製茶場に集積された茶葉と製茶労働力とのアンバランスは茶葉の未加工時間を延長させ結果的に、さらなる茶の質の低下をともなった。こうした状況では、採摘後ただちに殺青を必要とするグリーン・ティー製法の適用は困難であり、二人の中国人グリーン・ティー製造技術者は現地労働者への技術伝達に時間を

④釜炒り（一般的方法）

⑤手造り揉捻機

⑥乾燥

⑦製品

図50　中国広東省ウードン山の烏龍茶製法

①茶摘み

②自然萎凋

③室内萎凋

費やすだけであった。[20]

ブルースが中国製茶法によって製造した最初のアッサム産茶がイギリスに送られたとき、これに対するイギリス本国の一茶業者の評価は中国産とほぼ同等である as good tea as may be usually imported into this country from Canton と一応の評価はしている。しかし、茶葉の巻き具合や乾燥の度合いといった形状から見て中国の製造法とは異なっている evidently has not been treated in the way the Chinese prepare their teas として本格的な茶であることには否定的であった。

とくに乾燥の強さが顕著 over-dried でこげ臭み burnt flavour が残り、質的な評価はかなり低かった。アッサム産の茶が over-dried であったのは、アッサムからカルカッタへの輸送途中での腐敗や質的劣化がはなはだしかったことから、本国への海洋航海途中の腐敗を防ぐために to prevent mouldiness 強い再火入れ refiring が必要と考えられたからである。しかし、アッサム産茶が中国産茶に比して劣位であるとの評価はその後のアッサムあるいはインド茶産業の方向性を決定づけた。

ゴードンやフォーチュン等によってインドに導入された中国茶種は、たとえ完全な状態で導入されても、これから製造した茶は中国茶にはかなわなかった。茶は中国の風土にのみ適合する「神からの賜物 a gift of the gods」であり、中国外に持ち出すと持出し主に反逆する「蛇のように噛み付く it bit him like a serpent」、「毒蛇のように刺す stung him like an adder」と考えられ、中国茶葉と中国製茶法とくにグリーン・ティー製法の組み合わせはインドでは企業的に成立しないものとされた。もっともその後まったくグリーン・ティーが生産されなかったわけではないが、製茶の主流はアッサムの茶樹とブラック・ティー製法との結合に向かうことになった。

ところで、ブルースのアッサム人に対する評価には厳しいものがあり、茶摘みや仕分けといった作業に女性を送り出さないアッサム人の姿勢に手厳しく非難し、人口豊富なベンガル地方から良質な労働力を導入してアッサム人を消してしまえば the Assamese language will in a few years be extinct とまでいっている。しかし、伝統的なアッサム農業社会における女性労働の重要性を認識していない点で、この非難は一方的である。

さて、半発酵の烏龍系の茶と完全発酵の紅茶の製法は基本的には、烏龍系は摘採（開面採）→萎凋・発酵（天火・室内）→釜炒→揉捻→乾燥、紅茶は摘採→室内萎凋→揉捻・発酵→乾燥となり、両者の工程の最大の差異は釜炒 panning の工程がないことである。

では、いつごろ、インドでは中国茶製法の基本的工程である釜炒（殺青）が欠落したのであろうか。C・A・ブルースは一八三八年出版した『ブラック・ティーの製法』でブラック・ティーの製茶法を次のように述べている。

「まず、もっとも若く柔らかい葉を摘む。人手が多ければ、たくさん摘むことができる。親指と人差し指で枝先の葉四枚程を摘み取るが、それ以外にも柔らかそうな葉があれば摘むこともある」

この摘採法は一般的な手摘みで行なわれる一芯二葉摘み fine plucking ではないことは確かであるが、一芯三葉摘みあるいは四葉摘み medium plucking であるか、または半発酵茶の典型的な摘採法である

仕上げ揉み

ふるい分け

図51　初期アッサム茶の製造工程

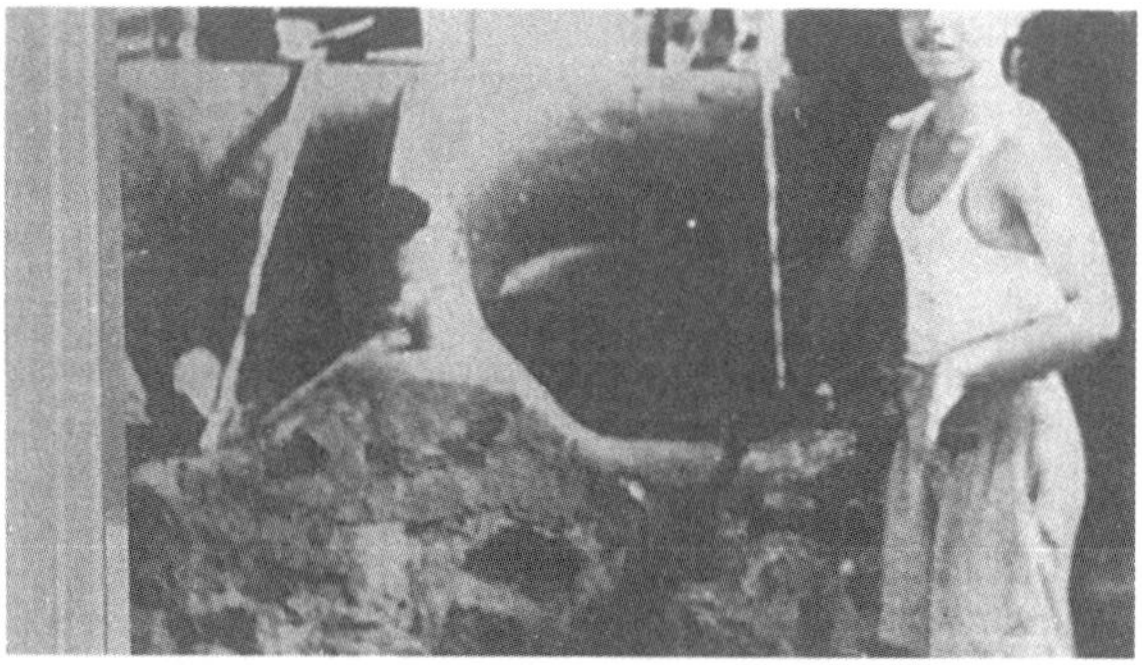
釜炒り

揉捻

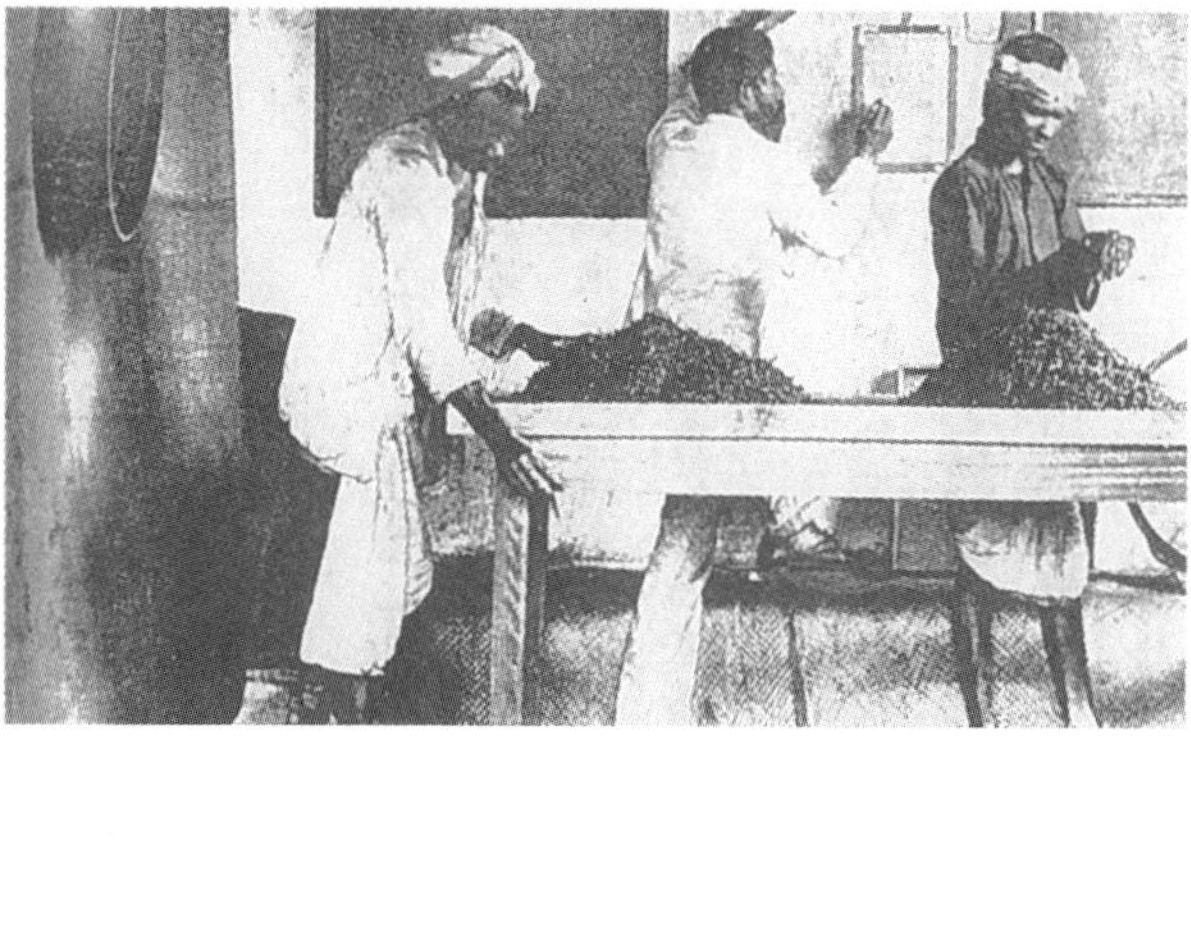
発酵

芽葉が開葉した状態で摘採する開面採なのか判然としない。記述から見る限り開面採に近いようであるが、インド茶産業の初期の段階では「とにかく茶葉が摘採の状態になれば採りまくった leaf was plucking as soon as it grew, without leaving any initial growth」(21)ということからみて、厳密な区分はなかったように思われる。

「摘み取った葉は作業場に集められる。そこで大きな円形の竹製の笊に薄く広げられる。笊は、地上二フィートほどの高さで二五度の傾斜をつけた竹製の枠組の上に置かれる。その枠組は外見上インド人の住居のガラスのはまっていない壁のようである。笊は先に丸い木片をつけた長い竹竿で上げ下げされる。葉は時々攪拌しながら二時間程日光に当てられるが、照り具合によって時間は違ってくる」

この萎凋法は日光萎凋(天日萎凋・日干萎凋)で、半発酵茶製茶の重要な一工程といわれているものである。通気性のよい竹製の笊にいれて、時々茶葉をかき混ぜるのは現在の烏龍茶製法と同じである。

「職人は、指を広げた両手で葉を軽く叩いてから、上に放り上げる作業を五分~一〇分程繰り返した後に三〇分程笊に戻しておく。同じ作業を三度程葉が柔らかい皮のようになるまで繰り返す。この一連の作業は、彼らに言わせると、葉に黒みと強い芳香をつけるためである」

現在は室内で行なわれている工程で、酸化発酵と芳香を引き出すのが目的である。茶葉の攪拌工程はほぼ同じであるが、black colour になるまで繰り返すことからかなり発酵は進んでいたようである。

「それから、鍋のなかで熱する」

釜炒りによる酸化酵素の活性を除去するこの工程は同じである。

「二〜三個の塊にして、両腕をいっぱいに伸ばし、葉を残さないようにしながら素早く五分程揉む。葉の球を指で丁寧にほぐしてから、目の高さまで持ち上げ手振り落とす。葉がほぐれるまで二〜三回繰り返す」

手による揉捻の方法は今と変わりがない。

以上のように、アッサムに導入された中国のブラック・ティー製法は、釜炒りの工程を含んだ半発酵の茶の製法である。

ところが、明治政府が紅茶生産の乗り出したとき（明治七年・一八七四）、中国から導入した製茶法は完全発酵の紅茶の製法であり、このことは一八七〇年代の中国において釜炒工程という中国製茶法の伝統的工程が欠落した方式による新しい製茶法があったことを示している。

その製茶法は、茶摘み→日干し（一時間半）→莚捻み→箱発酵（蓋をして太陽に一時間半さらしたのち屋内で翌朝までおく）→焙炉にてもむ→煉り焙炉にて乾燥の工程からなっている。

なお、中国紅茶キーモン Keemun Black Tea が生産されはじめたのが一八七五年前後のことあることは注目される。

インドにおける近代的紅茶製法は、一八六〇年代に始まり十九世紀の終わりまでにその基本的形態は完成したといわれる。

まず、屋外での日光萎凋はインドでは早期の段階でその効果に疑問が持たれ、一八七〇年代には屋内萎凋が一般的であった。

揉捻については、最初は中国式の手揉みや足揉みが行なわれていたが、一八六〇年代から能率を上げる器具の使用が始まり、一八七三年ウィリアム・ジャクソンが揉捻機を発明、一八八七年商品化された。それ以降、インド製茶の揉捻工程は機械化され手揉みは忘れ去られた。

発酵工程は十九世紀末までにセメント床に堆積する方式に標準化された。

萎凋の後の釜炒り工程いわゆるpanningは早い段階で廃止され、発酵後の乾燥工程で火力使用が行なわれた。竹製の籠焙炉と炭火を用いた乾燥工程は早くから機械化が試みられ、一八七〇年代以降各種の乾燥機が発明され、実用化されていった。これは木炭入手が困難であったことに一因があるといわれる。

一方、一九〇八年湖北省の茶業視察をした静岡県茶業試験場技師山田繁平の報告による、中国の紅茶製法では次のようになる。

「茶園より摘み来たる茶芽は直ちに薄き竹を以て作りたる網代蓆に散布す。此の蓆は長さ約一丈五尺、幅一丈にして横の両端には丸竹を綴り付け運搬の際之を力として巻くの便に供す。是一枚に生葉凡そ四貫目即ち運搬籠一個の量を散布して日天に曝し、萎凋をなす。（中略）而して日干に附したる茶葉はその色沢漸漸曇りて褐色を帯び、中には赤色に変ぜるものを混じ、茶芽の茎を手にて折るも音を発せざるを適度とす。此の時間は日温の強弱によりて一定し難しと雖も五〇分内外を要し、竹蓆上の気温は一一〇度乃至一二〇度（華氏）にて、生葉の減水量約三割なり」

「萎凋終れば、直ちに其拡げある蓆上に於て軽く第一回の手揉みを行う。此間、五分時許にして茶葉の形稍々揉め茎柔かに能く撓えて外部に少しく液汁の現出せるを程度として揉むことを止め、再び竹蓆に拡布し、日干に附し、外部の乾くを俟て屋内に装置せる搓揉台に移し、足揉をなす。此の器械は横六尺縦三間位のものを使用する者多く、之を低き板張となし、両側面に四本又は六本の柱を樹て三尺位の高さに細き丸太木を以て欄を設け、之に両手を掛け後方に向って足揉をなす。一方の端に至れば回転して反対の方にすすむ。斯の如く転展反覆幾回となく繰り返し、始めは柔かに丸く足揉をし、二〇分内外にして液汁滲出して来るや、珠解きとともに手捌きをなし、尚引きつづき約一〇分足揉をなし、再び珠解きとともに前法の如く手捌きを為し、さらに又前二回の足揉に等しき時間の揉捻を為す」

「斯の如く曩に萎凋をなしたる竹蓆に拡布して水乾をなすこと約一三〇度の気温にて蓆上に四〇分乃至五〇分間放置すれば茶葉は茶褐色より変じて暗褐色となる。此水乾は従来本邦に視ざる所の過度にまで進むるが故に、一見乾燥の過激なるに驚く。其の尖芽の如き既に折るるの観ある程度に達し、之を籠又は茶掬箕等の如き其場の有合せの器物に入れ、日に干して温めたる綿袍を被い、小石にて其上を圧し、炎天に曝して罨蒸に附す。気温一二二度内外にて約二時間一〇分間を以て発酵を終了するを普通とすれども原より茶葉の水分に関係ありて時間は一定し難たけれども温度は一二〇度より一三〇度迄を用い得るに似たり」

「罨蒸終りたるものは之を拡布し、日干になすか又は屋内にて陰干となし、未だまったく乾燥せざる内、之を製品六貫匁を容れるべき木綿袋に入れ、精製場に運搬す。故に朝に摘採せる茶芽は夕に粗製の紅茶となり、翌日早朝売却するを得る有様[22]」

この荒茶（粗茶）段階の紅茶製茶法は、摘採→萎凋→揉捻→発酵→乾燥という完全発酵の工程からなり、しかも乾燥工程にも火力を使わず日光（天火）を利用していることが特徴である。

以上これらのことを総合すると中国で完全発酵の製茶法が存在するようになった時期は、十九世紀中頃に絞られてくる。

しかし、その後の中国では茶輸出の衰微とともに完全発酵の紅茶生産も減少したこと（完全発酵の紅茶は中国では国内市場の需要によったものでないを意味する）、そして烏龍茶のような半発酵茶の品質改良と比して完全発酵紅茶に関しては改善が見られなかったこと、また明治政府が紅茶奨励策を打ち出した直後の明治九年（一八七六）には紅茶生産地域のアッサム茶産業視察のため技師者団を派遣していることなどから、完全発酵茶としての紅茶製法は中国で自律的に創出されたものでないことが理解される。

すなわち、インドのアッサム茶産業初期の段階で完全発酵の紅茶製法への転換があり、これが十九世紀中ごろに逆に輸出用紅茶製法として中国へ導入され、従来の半発酵の紅茶に加わったということができる。

三　アッサム会社の再起

一八四〇年後半、アッサム会社が破産に瀕したときに会社の業務に参画してその再建に努力を傾注したのが、バーキンヤング Henry Burkinyoung、モネイ Stephen Mornay とウィリアムソン George Williamson の三人である。バーキンヤングはカルカッタ理事会の副議長として、そしてモネイとウィリアムソンはアッサムの現地で茶園経営の改善と栽培技術の改良に努力した。彼らの努力の結果、倒産寸前の会社は五〇年代に入ると立ち直り、巨大な損失を出すばかりの企業は利潤を生み出す企業に変身することができた。

とくに、ウィリアムソンの導入した茶園経営はアッサム茶産業発達史上画期的であったとされる。それは彼が重役たちの驚愕するのを尻目に中国種の茶はアッサムには不適当であると結論付けてこれを排除して、代わりにアッサム自生茶の栽培を積極的に押し進め、野放途な摘葉を避けて適正な摘葉期間をもうけるなどの栽培上の改善や製茶法における改良が試みられた。

一八四〇年代の歴史的失敗といわれたアッサム会社の経営危機が克服された一八五〇年代には、アッサムにおける茶産業への不安は払拭され、一八五九年設立のジョルハット茶会社 Jorhat Tea Company をはじめ多くの茶園が形成されるようになった。

ところで、こうした初期の茶園経営者が追い求めた方向は、中国茶との質的競争ではなく、むしろ

図52　茶園経営を発展させたG.ウィルアムソン

低位ではあるが本国需要が拡大している大衆向けの低価格茶の生産であった。本国の茶流通機構を掌握しているバイヤーやディーラーたちの意向がこれを決定づけた。彼らはつねにインド産茶を劣位におき、インド産茶に中国茶の低品質の茶を補強する増量剤的役割 They principally desire the strength of the Assam tea to give body the weaker description of Chain produce.[23] を果たすことを求めた。

インドで揉捻機が導入されたとき、これで製造された茶は揉捻し過ぎて茶汁がチップを変色させているとして下級品扱いをしたのも彼らである。質よりも量を可能な限り早く要求する本国市場、そして投資に対する早期の利潤獲得を要求する本国の投資家たちに対して、初期茶園経営者はまず製造工程のうち釜炒工程 panning を省略することにした。

彼らは、panning は茶の渋みを和らげ芳醇さを持たせるための工程であり、こうして造られた風味の良い豊かな芳香をもった茶は中国から豊富に輸入されており、インドでこれと同質の茶を生産する必要はない。むしろアッサム産の茶は味・芳香・水色ともに強いのが特徴であり、ことさら panning は行なう必要はない、と考えたのである。

しかも、鉄鍋は十分注意しないと熱くなり過ぎて茶葉を焦がしてしまう恐れがあるとして、アッサムの製茶工程では釜炒工程が排除され、茶葉をより黒みを帯びさせる工程すなわち発酵工程に重点をおく製茶法に転換していった。発酵も長時間放置する方法から堆積することによって効率的に行なう方法が取られるようになってきた。また萎凋工程でも、天火を利用することや萎凋の間に茶葉を叩くことは茶葉を傷めるとして避けるようになっている。

こうして質を犠牲にした安価大量の茶の生産を追求した結果が、アッサム紅茶の成立であった。アッサム自生の茶葉がこの製法に適合したことも促進要因であった。

この安価で低品質の紅茶が大量にイギリスで消費された背景は、イギリスの急速な工業化にあった。ミンツが『甘さと権力』のなかで述べているように、十九世紀、産業革命の進行にともない新興工業地帯に集積され、生産手段から切り離された大量の労働者およびその家族に、最低限度の生活を維持させる食料はパンと砂糖入りの紅茶であった。温かく刺激があり滋養に富んだ、色の着いた甘い紅茶はパンとともに労働者の家庭の食事となっていた。砂糖入りの紅茶は上・中流階級にとっては食事に新たにつけ加えられた食品の一つにすぎなかったが、労働者の家庭ではもっとも安上がりの食品であり、調理済みの冷たいパンに温かさをもたらす食べ物であった。

一労働者の家庭での紅茶消費量は一週間で数オンス程度であったが、急速に増加する労働者家庭数は大量の安い紅茶に対する需要をうみだした。茶の苦味は砂糖を加えることによって甘味に変わることから、茶の品質にはあまり拘泥するする必要はなく、芳香と水色が茶のそれであれば十分であった。これらの条件に適合する茶は完全発酵の茶であり、熱い湯から抽出される赤紅色の茶は彼らに暖かい食事を提供してくれる必須不可欠の食料となっていった(24)。

こうした本国市場の要求に沿った低品位ではあるが低価格の完全発酵茶製造に徹したアッサム茶産業は、一八五〇年代には順調に発展する。一八五九年、アッサム会社の茶栽培面積は四〇〇〇エーカー（約一六〇〇ヘクタール）、生産量七六万ポンド（約三四五トン）になっている。アッサム全体では四八茶園、栽培面積七五九九エーカー、生産量一二〇万五六八九ポンドであり、一八五三年の一〇茶園、栽培面積二四二五エーカー、生産高三六万六七〇〇ポンドに比べて栽培面積、生産高共に三倍以上にもなり、茶産業に対する期待の大きくなったことがうかがわれる。茶栽培地域も上アッサム周辺に拡大し、カチャールやシルヘットにも茶の自生地が発見され、一八五六年カチャールに最初の茶園が開園している。

しかし、この時代はインドでも製茶工程は定式化されず作業もすべて人力に依拠しており、イギリスの茶輸入量に占めるインド茶の割合は数パーセントに過ぎなかった。ちなみに、この割合が一〇パーセント台になるのは一八七〇年のことであった。この需給のアンバランスが中国の茶産地へのインド紅茶製造技術の逆移転をもたらしたと考えられる。時期的には十九世紀中ごろ、遅くとも一八六〇年代までのことと推定される。

イギリスでの低品質・安価な完全発酵茶需要の増大、全製造工程の人力利用は中国茶産地に輸出茶（紅茶）ブームをもたらし、中国のイギリスへの茶輸出量は一八七〇年代から一八八〇年代前半までの間（同治・光緒年間）、つねに一億重量ポンドの規模を維持した。この膨大な茶生産量は、零細な山戸をして茶生産を促し得る簡便な製茶法、簡単な道具と太陽光を利用した短時間での製茶法があってはじめて可能であった。

「萎凋より乾燥までに要する時間は約三時間にして、既に山茶を得べし。一日一人にて能く二三十斤の山茶を製造し得べし。前述せるの如く製法簡単にて器具は殆んど桶と竹蓙とを要するのみなるを以て、山中に於て空地を利用し、摘採後直ちに製造し、夕方には既に山茶となし家に帰るものあり。支那紅茶の他国産に比し、香気優越せるは種々の原因に由るものありと雖、この製造の然らしむるところも亦少からざるべし[25]」

十分な乾燥工程は山茶（荒茶）を集積する茶号などで行なわれるため、山戸では経費のかかる火気を使用する工程を行なう必要はまったくなかった。しかし、こうした簡便にしてかつ確実な市場性を持った紅茶生産は次第に粗製乱造となり、機械化の進むインド産紅茶に比して質的低下をもたらした。

「一番茶製造期中に雨天数日継続せば一般に緑茶の製造をなすも、薪代大洋五角を要し、その外紅茶に比して二三割以上多くの費用を要し、却て製品は売行面白からずして、山茶百斤に付五元以上の差価を生ずることあり。故に緑茶を製造するを好まず。従って多くは二番茶製造時期の如きは雨天数日に至る場合に於ても、敢て緑茶を作らんとはせず。晴天を俟ちて一時に摘採し、之を紅茶に製するが故に、その粗製となるは免れ難きところなり[26]」

一八八六年まで一億重量ポンド台を維持していた中国の対イギリス茶輸出が、以降急速に下降していった原因については種々な理由が挙げられるが、こうした紅茶製法も一因であったことは事実である。

一方、インドでは一八六〇年代に入ると熱狂的な開園ブームとなり、これがかえって労働力・経営力不足による不振の時代と招いた。茶園のための開墾が栽培適地と目された各地で展開された。茶の栽培に適しているか、十分な労働力が得られるか、一定面積当たりの適正な茶樹本数などまったく無視された。なかには会社に土地を売ることだけを目的として開墾したケースもあるといわれている。その結果はいうまでもないことであった。再度アッサム茶産業の危機が訪れた。新しく茶園経営の乗り出した会社の多くが倒産し、生き残った会社も株価の下落に悩まされた。

こうした不振の状況は六〇年代の末まで続くが、この間に茶園経営を改善すれば利潤を生むことが可能であり、すでに倒産した会社の茶園でも経営次第であることが理解されるようになった。従来、茶園経営を現地で管理するマネージャーにはインド在住のイギリス人が採用されたが、彼らの多くは茶や茶園に関してまったくの素人であった。

しかし、次第に茶樹栽培や茶園運営についての基礎知識を有する人物を採用するようになり、茶園経営能力を認められた人物は複数の茶園経営を委ねられるようになった。アッサムの例ではないが、ダージリン在住でダージリン周辺の茶園所有者兼マネージャーであり鳥類学者でもあったマンデリMandelliなどは、こうした例の一である。

イタリア系のマンデリ（Louis Hildebrand Mandelli Castelnovo 一八三三〜八〇）は、一八六四年一月、ダージリンに来て茶に関する知識を得た後、同年末にはレボン・ミンチュ茶会社 The Lebong & Minchu

Tea Company にマネージャーとして採用されている。最初は三五〇エーカーの茶園管理に当たっていたが、その後一八六八年にミネラル・スプリング Mineral Spring　茶園（二五〇エーカー）の管理が加わり、さらに一八七二年にはチョントン茶園 Chongtong Tea Estate（七五〇エーカー）が彼の管理下に置かれた。すなわち、彼はダージリン周辺に広がる三茶園一三五〇エーカーのマネージャーを管理していたことになる。

しかし、経営能力のある人物が複数の茶園を管理・監督していたということは、逆にいえばマネージャーとしての適格者が少ないことを意味している。したがって、僻地の現場でのマネージャーの仕事はかなり厳しく、事実マンデリの場合も後ほど二茶園（計二七〇エーカー）の所有者となったことからかなりの高給を得ていたようであるが、三カ所の茶園管理はかなり過酷な仕事であると彼は友人に宛てた手紙のなかでこぼしている。とくに、それぞれの茶園に駐在するアシスタントは、茶園管理に長けている者が少なく彼の心労の種であったことは、同じく鳥類学者および鳥類収集家で彼の親友であったアンドリュー・アンダーソン Andrew Anderson 宛に送られた彼の次の二通の手紙によく示されている。

「別の茶園にきて二〇日になります。ここの助手ときたらなにをやらせても駄目なんです。貴殿へのご返事が遅れていますが、……お手紙を書く暇がありません。

I have been away from my place for the last 20 days to another garden under my charge as my Assistant there was doing everything wrong, hence the delay in answering your kind notes. ...I have no time to spare now a days.（30-5-73）」

「茶園経営には楽しい事はまったくありません。とくに今年は。日照りに続く長雨、おまけに労働者のなかでのコレラの流行、そのうえ、本社からの茶園視察と、まったく狂いそうです。

I can assure you, the life of a Tea Planter is by far from being a pleasant one, especially this year: drought at first, incessant rain afterwards, and to crown all, cholera amongst coolies,beside the commission from home to inspect the gardens, all these combined are enough to drive any one mad.（25-6-76）[27]」

一八八〇年二月二十二日、ダージリンで彼は四十八歳の生涯を閉じているが、この時期の茶園経営の現場がいかに困難であったかが想像される。教会の過去帳には「死因不明」と記録されているが、自殺であったようである。

インドでは一八六〇年代の茶産業不況を克服し、一八七〇年代以降機械化が徐々に進行し、茶樹のアッサム種化、栽培から製茶までの規格化、質的向上が図られ、一八八七年にはイギリスの茶輸入量の半分を占める（ただし、セイロン産を含める）までに成長、一八八九年にはインド産茶の価格が中国産の同種の茶に対して高価で取り引きされるまでになった。これがインド紅茶いわゆるイギリス帝国紅茶の成立である。

こうしたイギリスにおけるインド紅茶の普及の背景として、この時代に都市生活者が生乳を入手しやすくなったことも留意する必要がある。生乳は非常に腐敗しやすい食品であるがために、一八六〇年代までは都市生活者には入手し難く、また入手したとしても非衛生的な牛乳が多かった。一八六〇年代も末になって冷却機械が開発され、冷却された生乳を金属容器に入れて鉄道で都市に運搬する方法が実用化されることによって、衛生的な生乳が十分に都市生活者に供給されるようになった(28)。

このことは、紅茶と砂糖にさらにミルクの合体すなわちミルクティーの形成を可能にしたのである。もちろん、茶にミルクを入れて飲用することは以前から新鮮な牛乳を入手し得た上流階層では行なわれていたが、一般大衆がミルクを常用するのは一八七〇年代以降のことである。

かくして、直接生産者から輸出業者まで幾重にも重なる中国茶生産形態に対して、ティー・エステイトにおいて一貫生産されるインド、セイロン茶生産形態が紅茶供給量を安定させ、紅茶・ミルク・砂糖の合体した非アルコール飲料を中核とするイギリスの紅茶文化が形成され、安定した紅茶消費市場が構築された。

四　インド茶産業の安定と発展

一八七〇年代になると、イギリス本国における紅茶需要の増大に対応し得る茶産業、すなわちアッサム茶種を用いた紅茶生産、安価な労働力を大量に雇用した大規模栽培、製茶機械の導入、流通機構の整備等が体系化され、アッサム茶園経営は安定した。茶園、製茶量はともに増加し、一八七一年の二九五茶園、栽培面積三万一三〇三エーカーが、一八八〇年には一〇五八茶園、一五万三六五七エーカーといずれも大幅に増加している。それとともにアッサム以外にダージリンやニルギリなどインド国内の茶生産適地に茶産業が拡大した。

インドにおける茶産業の拡大には二つの方向が見られた。一つは、中国種系を山地や丘陵地で栽培する方向である。この例としては、ダージリン、クマオン、カングラ、ニルギリなどがある。

もう一つの方向は、インドにおいて茶が自生している地域こそ茶栽培適地であるとして、茶自生地の発見とその地でアッサム種系を栽培する方向である。この例としては、上アッサム、カチャール、シルヘット（現バングラデシュ）などがある。

企業として成立するのはアッサム自生茶栽培のほうが早く、一八三九年の上アッサムでのアッサム会社を最初として、一八五〇年代後半にアッサム種栽培のエステートが茶自生地域に設立されている。カチャールでは一八五六年、シルヘットでは一八五七年に最初のエステートが設けられている。

中国種はゴードンが中国から茶種子を導入して以来、インドの各地の丘陵地域において栽培されたが、クマオン以外は芳しい成果を挙げなかった。ニルギリのように丘陵地域で実験的には栽培が続けられたが、企業化は進まなかった。その理由としてこうした丘陵地域では交通機関が未発達で輸出商品生産に向かなかったことも挙げられる。ちなみに、ニルギリを含めた南インドにおける茶栽培の企業化は一八九〇年代のことであり、本格的な茶産地地域となったのは第二次大戦後のことである。

後に詳述するが例外的に比較的早く企業化された地域がダージリンである。一八三五年シッキムから譲渡されたダージリンはチベットとの交易基地として、またイギリス人の避暑地として開発が進められ、一八五〇年イギリス領に併合されるとともに茶の栽培が始められた。

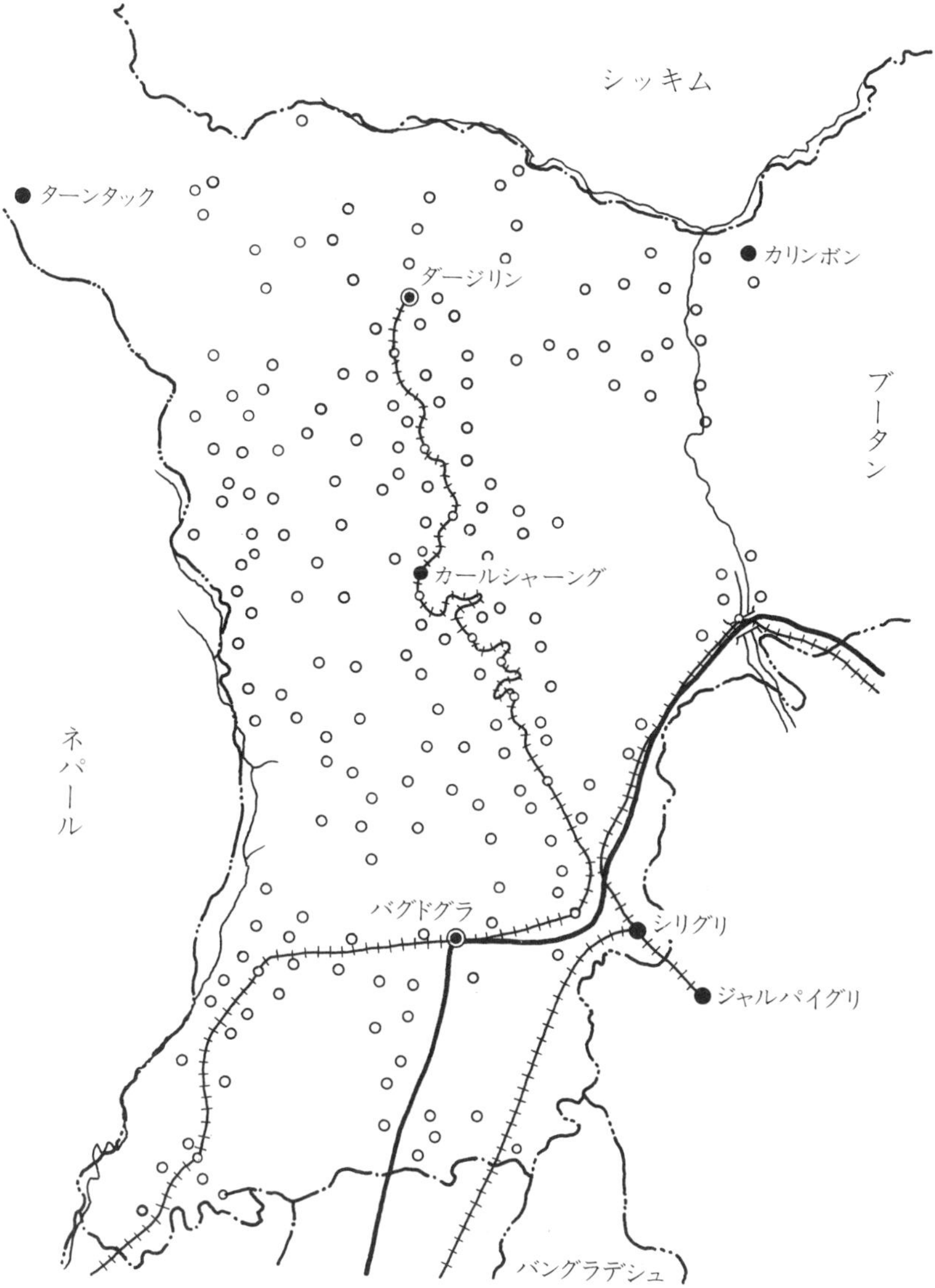

図53　ダージリンのエステート分布図

表4　インドにおける紅茶生産（1880年）

地方名	農園数	栽培面積 エーカー	総生産高 ポンド	平均生産高 エーカー当たり
アッサム	1,058	153,657	34,013,583	221
ベンガル	274	38,805	6,572,481	169
北西諸州	——	4,110	838,742	204
パンジャプ	——	7,466	927,827	124
ビルマ	——	179	16,120	90
マドラス	——	4,275	649,460	151
計		208,492	43,018,213	206

（Percial Griffiths 『The History of the Indian Tea Industry』による）

図54　ダージリンのエステート全景

一八五六年、標高六八〇〇フィート（約二〇〇〇メートル）にあるダージリンの周辺傾斜地に茶園が開発された。[29] ツクヴァル Tukvar、キャニング Cannig、ホープタウン Hope townn そしてやや高度がさがったクルセオン Kurseong などで森林が切り開かれ茶園が設けられていった。栽培茶種は中国種系であり、中国人製茶技術者とネパール人労働者の手によって茶産業が始められた。

図55　小規模な製茶工場

こうした企業化の成功から一八六〇年代になると低位丘陵地帯のテライ Terai、一八七〇年代にはドアーズ Dooars にまで開発の手が伸び、東はアッサムとの境界であるサンコス川 Sankos まで茶園が広がった。

ダージリンのような標高の高いところでは中国種系が栽培され「東洋のシャンペン Champagne of the East」と呼ばれる名茶を産出するようになるが、標高の低いドアーズやテライではアッサム種系が栽培された。

こうしたインド茶生産の発展の結果、従来中国に全面的に依存していた茶供給はしだいにインド産茶で充足されるようになってきた。一八六六年、イギリスに輸入された茶の九六パーセントは中国産で占められていたが、一八八三年には五六パーセントが中国産で、三八パーセントはイン

表5　イギリスへの茶輸入量（1866～1889）　　単位：重量ポンド

年次	インド茶	%	中国茶	セイロン茶	%	合　計
1866	4,584,000	4	97,681,000			102,265,000
1867	6.360,000	5	104,628,000			110,988,000
1868	7,746,000	7	99,339,000			106,815,000 (107,085,000)
1869	10,716,000	10	101,080,000			111,796,000
1870	13,500,000	11	104,051,000			117,551,000
1871	13,956,000	11	109,445,000			123,401,000
1872	16,656,000	13	111,005,000			127,661,000
1873	20,216,000	15	111,665,000			131,881,000
1874	18,528,000	13	118,751,000			137,279,000
1875	23,220,000	16	122,107,000			145,327,000
1876	25,740,000	17	123,364,000			149,104,000
1877	27,852,000	17	132,263,000			151,115,000 (160,115,000)
1878	36,744,000	23	120,252,000			157,396,000 (156,996,000)
1879	34,092,000	21	126,340,000			160,432,000
1880	43,836,000	28	114,485,000			158,321,000
1881	48,336,000	30	111,715,000			160,051,000
1882	50,496,000	31	114,462,000			164,958,000
1883	58,000.000	34	111,780,000	1,000,000	1	170,780,000
1884	62,217,000	35	110,843,000	2,000,000	1	175,060,000
1885	65,678,000	36	113,514,000	3,217,000	2	182,409,000
1886	68,420,000	38	104,226,000	6,245,000	3	178,891,000
1887	83,112,000	45	90,508,000	9,941,000	5	183,561,000
1888	86,210,000	46	80,653,000	18,553,000	10	185,416,000
1889	96,000,000	52	61,100,000	28,500,000	15	194,008,492 (185,600,000)

（Percial Griffiths 『The History of the Indian tea Industry』による。なお、1868・1877・1878・1889の各年次における各国からの輸入量と合計が合わない。いずれが誤記か不明であるが、（　）内に修正合計値を記しておく）

ド産が占めるようになった。残りは新興茶産地でインド茶のライバルとなるセイロン産であった。そして、一八八八年にはイギリスの茶輸入量においてインド茶がはじめて中国茶を上回るようになり、世界の紅茶市場におけるインド紅茶の優位は確実なものとなった。一八九三年から一八九八年にかけて、アッサムの茶産業は飛躍的に拡大した。

その結果、茶の供給が需要を上回り、茶価の下落傾向は労賃の上昇などからくる生産コストの増加に脅かされるようになった。一方、新興紅茶生産国スリランカ（セイロン）の発展は目覚ましく、一八九五年にはインドに次ぐ第二の紅茶生産国にまで成長するほどに、インド茶産業を鋭く追い上げてきていた。

とくにセイロン茶業（現在国名はスリランカであるが、ここではセイロンを用いる）は積極的な販路開拓策をとり、イギリスはもとよりオーストラリア、北アメリカなどに販路を急速に拡大していた。

インド以外の新興紅茶産地形成の過程は、中国種のインドへの導入の際と同様の過程をたどった。すなわちインドでは中国種の成育条件に適合する地域を栽培適地として模索したが、新興紅茶生産地域ではアッサム種系の茶樹の成育条件に適合する地域にアッサム種系茶を導入している。インドと同様に中国種での栽培を試みていたセイロンやインドネシアもアッサム種の導入によって企業化している。

セイロンは一八八〇年、インドネシアは一八七八年にアッサム種の栽培に着手している。また、アフリカでも一八七八年のマラウイ Malawi をはじめとして一九二〇年代から一九三〇年代にケニヤ

Kenya、ウガンダUganda、タンザニアTanzaniaでアッサム種による紅茶栽培が行なわれ始めている。ある統計によると世界の茶栽培地域のうち約六〇パーセントはアッサム種系で占められているとされている(30)

ところで、セイロンを始めとするこうした新興紅茶生産地域の追い上げによって、二十世紀初頭には茶産業の開始以来半世紀を経たアッサムを始めとするインド茶産業は再び不振な状態に追い込まれた。

インド茶業界は、生産技術の改良による単位収量の増加、製茶機械の導入、中小茶園の吸収合併、経営管理部門におけるイギリス人スタッフの削減等で切り抜け、紅茶生産での世界的優位を保持し続けた。

五　アッサム社会と茶産業

内乱期とビルマ支配が終わりイギリス統治下になると、アッサム・バレーは安定した農村社会に戻った。水稲栽培を主とする一般農民の生活は安定したが、旧体制下の支配階級は奴隷解放の結果、土地経営を維持し得ず没落し、王族のように年金生活者になった者を除くと、下級官僚や農民になっていった。

この農村社会とそこに突如出現した茶園とは、幸い水稲と茶では適地が異なることから土地利用が競合せず、伝統的な水稲社会と新規の茶業社会とはアッサム・バレーではそれぞれ孤立しながらも併存することになった。むしろ丘陵地帯を生活圏とする山地民族との利害対立が激化することになった。最初は茶園とは隔絶していた水稲社会も、茶園開発が進行するにしたがって茶園を利益対象とみなすようになった。開拓当初一エーカー当たり二人が必要とされた茶園労働者への食料供給が、周辺農村に利益をもたらすことをはじめ、望むならば茶園での就労の機会も容易であった。

茶産業と関係の深い水運・道路・鉄道など交通手段の変化は次のようであった。

水　運

アホム時代を通じてベンガル地方など外部との交通は主として水運に依存していたが、イギリス統治下になってもこの状況に変わりはなかった。カルカッタから陸路北上しブラマプトラ川沿いにアッサムに入ることも可能ではあったが、雨期には陸上交通は途絶するため、旅行者は水運を利用するのが通常であった。必要時間は非常に長く、ゴアルパラからカルカッタまで二五～三〇日間、復路にはさらに八日間を要した。一八四七年から蒸気船が利用され始めたが不定期でしかもガウハッチ止まりで、茶園開発の中心地ディブルガールまで定期便が毎日運行されるようになったのは一八八三年になってからであった。

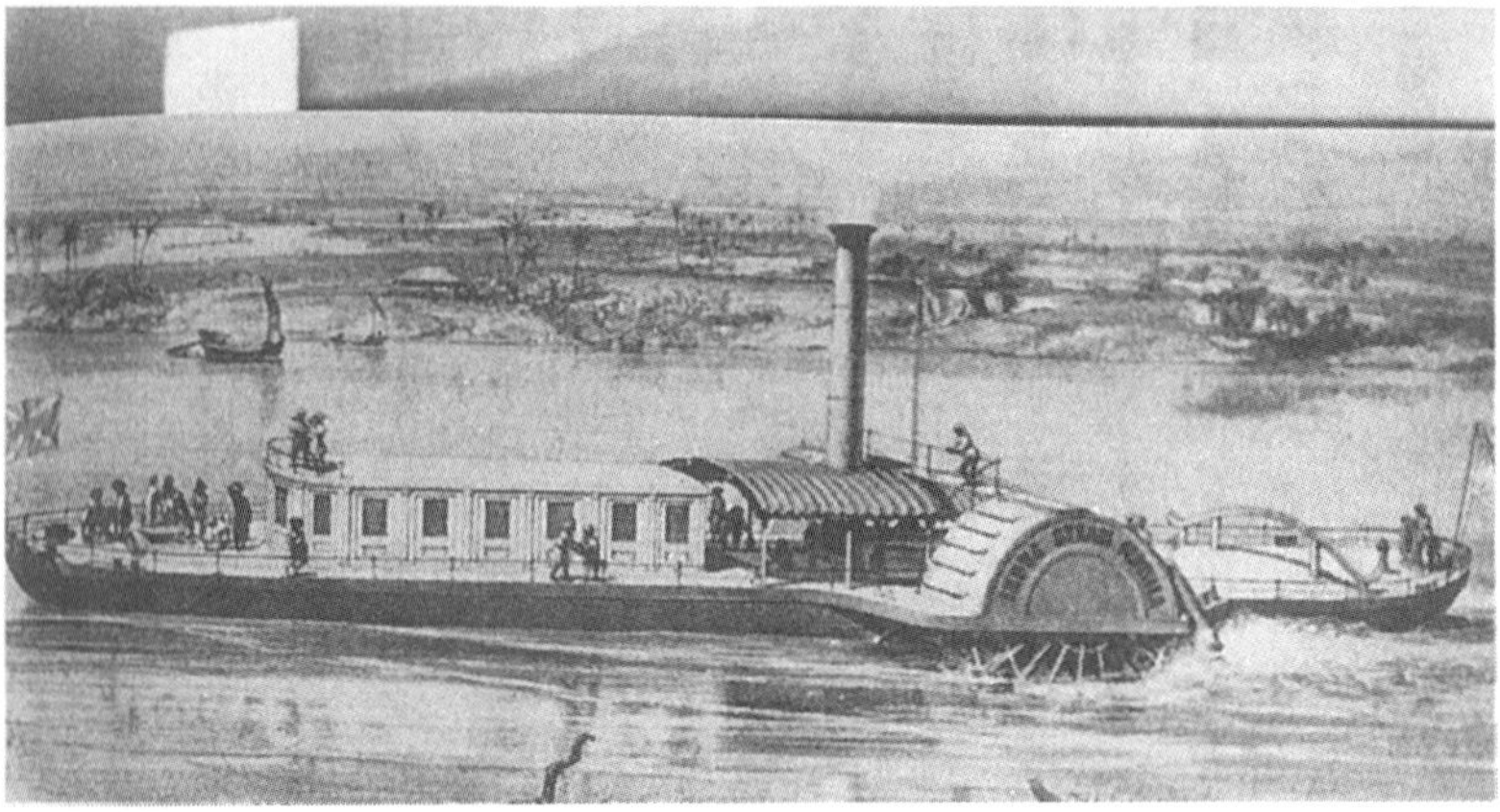

初期アッサム茶の船運

近年のアッサム茶の船運は住宅となっている

図56　アッサム茶の船運の変化

道　路

アッサムには十九世紀半ばまで荷馬車の通行できるような道路はなく、人の通行できるような道路は少なく、また道路状況は不良であった。茶産地では茶を川の船着き場まで象か人によって運搬するしかなかった。茶園開発初期、川沿いの低い丘陵地の茶自生地が選ばれたのもこうした道路事情によるものであった。州当局が財源の手当てをして本格的に道路整備に着手したのは一八八〇年のことであった。これによってブラマプトラ川を挟んで東西に伸びる幹線道路が建設されるようになった。

図57　アッサム鉄道の終点レド駅前のにぎわい。レド公路の出発地でもある（1971年）

鉄　道

インドで鉄道建設計画に意欲的であったのはインド総督ダルハウジー Lord Dalhousie で、一八四九年ボンベイ（Great Indian Peninsula Railway）、カルカッタ（East Indian Railway）、マドラス（Madras Railway）をそれぞれ起点とする鉄道建設がはじまり、一八五三年ボンベイ（現ムンバイ）、一八五四年カルカッタ、一八五六年マドラス（現チェンナイ）からの鉄道運用が開始された[31]。

しかし、アッサムでの鉄道建設は遅く、一八八五年以降茶産地とブラマプトラ川を結ぶ小規模な鉄道が数線建設されたに過ぎなく、茶産業にとってはあくまでも水上交通の補助的機能をもつだけであった。なお、ベンガル湾のチッタゴンとブラマプトラ川とを結ぶ本格的な幹線鉄道 Assam-Bengal State Railway が建設されたのは一九〇五年のことであった。

このようにアッサムでの社会基盤整備に資本が投下されたのは遅く、アッサムがインドにおける茶産業発祥の地でありながらも、その経済価値がイギリスおよびインドで評価されるのは一八八〇年代中国茶を凌駕してからであった。

六　ダージリン紅茶産業の概略

アッサム紅茶が紅茶特有のタンニンを主とするならば、ダージリン紅茶は香気を主として認められている。このダージリンはアッサム地方から、ベンガル北部のブータン王国との国境地帯を通じて、ヒマラヤ山脈の中腹へと続いている。

ここでは、世界に名声をはせるダージリン紅茶の概略をとりあげ、アッサム紅茶との比較を見ることにしたい。

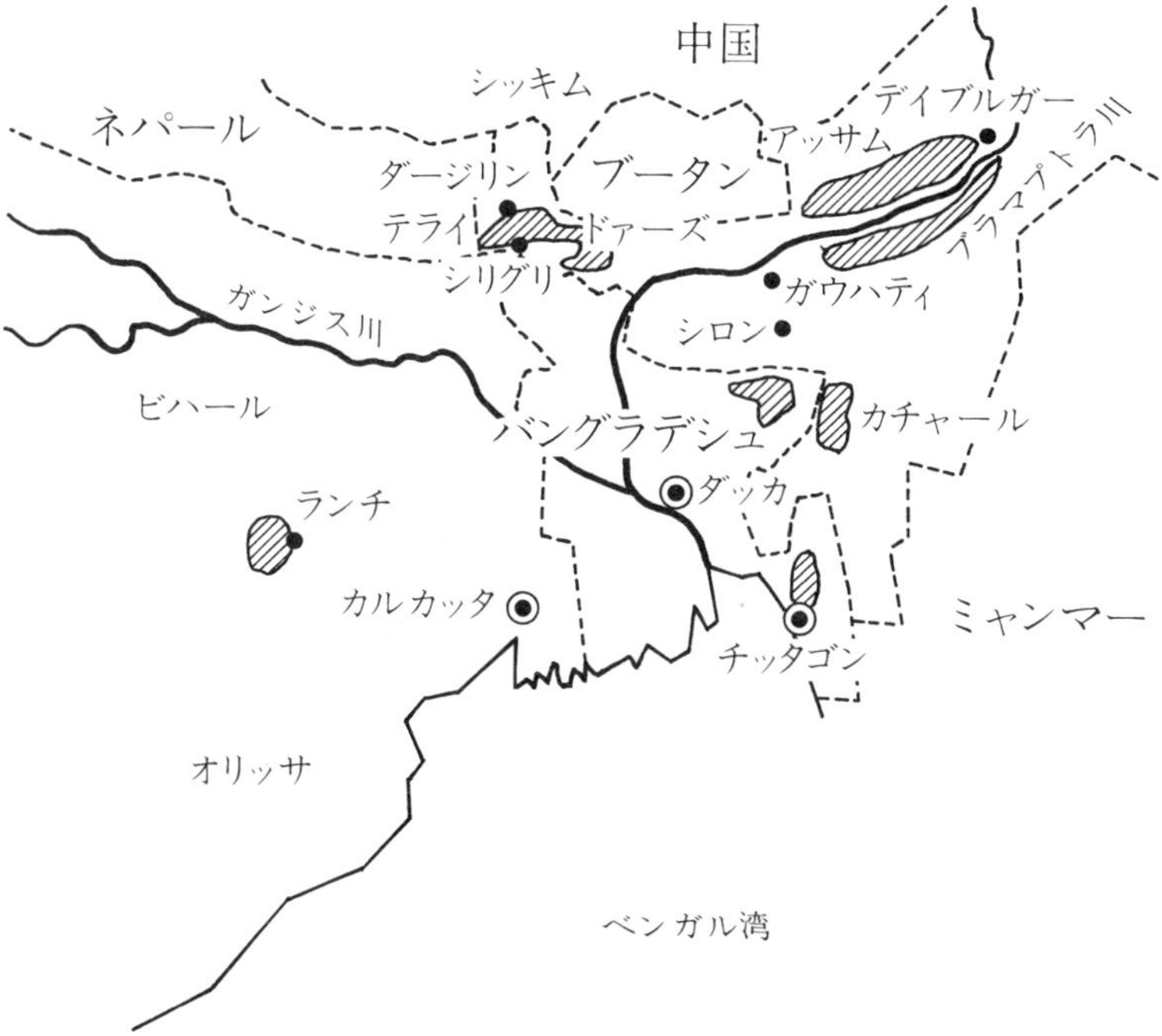

図58　北東インドの茶産地（荒木安正『紅茶の世界』柴田書店 1994）

◎ダージリンの茶産地

ダージリン紅茶もイギリスの植民地産業の一環として開発されたことは、アッサム紅茶業と変わりないが、ダージリン地域は、イギリスがインドの植民地支配における避暑地としてスタートしていたもので、現在でも当時の面影を山腹に建ち並ぶ赤屋根の家屋に見ることができる。

ダージリンの紅茶産地は標高二〇〇〇メートルにも及ぶ高地にあるが、その高地から一〇〇〇メートルに及ぶ山腹と、ベンガル平野丘陵地に開発された茶産地がある。平原の茶産地は「ドアース」地方（中心シリグリ）と呼ばれ、ブータンとの国境

表6　ドアースの茶生産状況

生産年	茶園数（エステート）	茶園面積（エーカー）	茶の生産（ポンド）
1876	13	818	29,520
1881	55	6,230	1,027,116
1892	182	38,583	18,278,628
1901	235	76,403	31,087,537
1907	180	81,338	45,196,894

THE DEVELOPMENT OF TEA INDUSTRY IN THE DISTRICT OF JALPAIGURI. 1970. P27

図59　ドアース地方の茶園

地帯となっている。アッサムの茶業と変わらない経営が行なわれているが、新開地であって、エステートの規模はアッサムより平均が大規模となっている。

平地のドアースに続いて、標高一〇〇メートル余の丘陵地が「テライ」と呼ばれる地帯で、この丘陵地はヒマラヤ山脈に沿って西に進み、ネパールまで続いている。ネパールでは自然公園として、野生動物の生息地となっており、広く知られている所でもある。

このテライの茶産地に続き、ヒマラヤ山脈の山肌を登って、標高二〇〇〇メートルに及ぶ山腹一帯がダージリン紅茶の産地である。

ダージリンの自然

ダージリンの市街地は、標高二〇〇〇メートル付近に開かれており、この市街地を頂上として、茶畑はヒマラヤ山脈の山腹を延々と下り、テライ地方まで続いている。

標高も一〇〇メートル付近から二〇〇〇メートルに及び、その標高差からくる気温の変化がダージリン紅茶の名声をもたらしているわけである。

インド東北部は、モンスーン地帯に入るが、付近のベンガル平野は、雨季と乾季の差こそあるが、年間を通じて三〇度前後の高温地帯である。この平原から立ち登る暖気がヒマラヤ山脈の二〇〇〇メートルの山肌を吹き上げ、真夏の雨をもたらし、冬期の霧を発生させる。したがって、茶樹の生育にとっては大変恵まれた条件となる。

四月から九月の雨季には、毎日スコールのような雨が何回もあるが、十月から三月までの乾季には雨らしい雨は見られない。ベンガル平野から立ち登る暖気が霧となる。冬期には朝八時ころに太陽が三〇～四〇分照りつけるが、間もなく立ち登る霧にさえぎられ、町も茶畑も一日中霧の中につつまれる。その時の露が茶樹にとっては水分の供給となり、乾燥に耐えることができる。

紅茶シーズンの雨季には、昼間では四〇度近くなるが、夜間には一〇度ほどに低下し、この世界一といわれる日温較差がダージリン紅茶の香気をもたらしている。

◉ダージリンの人々

ダージリンは、イギリスの植民地として発展した町ではあるが、インドの独立（一九四七年）以後イギリス人の姿はほとんど消え、それに替わってベンガルのインド人が主となり、ニューデリー方面のアーリアン系の人々も目に入る。

ベンガル人と変わらないほどの人口と推定されるネパール人が多く、紅茶生産のエステートに働く出稼ぎの人はネペール人が多い。婦人や子供は茶摘みを行ない、男性は工場内で作業をする。これらの人々の生活を支える商人は、ダージリンの市街地に居住している。

このネパール人に混ってチベット系の人々も多く、ことに、チベット動乱（一九五九年）の難を避けてヒマラヤ山脈を越え、ダージリンに安住の地を求めて来た人たちである。

したがってダージリンの町は、さながら人種の自然博物館の様相を呈しており、町に並ぶ商店にも民族固有の品々が立ち並ぶ。とくにチベットの民芸品には目を見張る物が多い。町を行き交う人の声にも、商店の店先で交わされる言葉にも、ヒンドゥー語、ネパール語、チベット語、ベンガル語、そのうえ方言も混っていて、まさに民族のルツボそのものといえよう。

ダージリンの町には、紅茶産業以外に産業らしいものは見当らず、町に住む人々も民族や言葉、生活習慣は異なるが、何らかの仕事が紅茶の生産とかかわりをもっている。

この生活様式はアッサムと変わらないが、変わるところといえば、ダージリンは、アッサムに見られない観光にかかわる職業があることである。雄大なヒマラヤの景観を求めての観光客はあとをたたない。

ダージリンの町からは、世界第二位（八五九八メートル）の高さをもつ「カンチェンジュンガ」の巨峰が眼前にそびえ立ち、これと肩を並べるようにヒマラヤ山脈の山並みが立ち並んでいる。明け方の西方には「エベレスト」の雄姿が、夜明けの太陽に輝き、雄大な景観を浮かびあがらせる。この景観と世界一の香気をもつダージリン紅茶の茶畑や、製造工程を一目見ようと、世界各国から観光客が押し寄せる。

図60　ダージリンの町からカンチェンジュンガをのぞむ

ダージリンのエステート

ダージリン紅茶の生産も、その基礎はエステート方式であって、アッサムのそれと大差はない。しかし、ダージリンの自然条件からは、アッサム地方のような大規模なエステートはできない。

ダージリンでは、全茶園がヒマラヤ山脈の一環にあり、そのすべてが山の中腹に展開していて、平地はほとんどないのである。

インドの各地やカルカッタからの空路が集まるバグドグラから出発するダージリン行きの登山列車は、山地にかかると何度となく、つづら折りを重ねて山頂へ向かう。物売りの子供は列車のカーブを駆け登り、列車の来るのを待っている。コトコトとやって来る列車の客に品物を売り、列車が行き過ぎると、坂道を駆け登ってカーブして登って来る列車を待つ。急な坂道をつづら折りに登る鉄道列車は、子供たちに物売りの時間を与えるほどゆっくりと登らざるをえない。

山腹の平地は、この登山列車の駅構内のホームくらいなもので、茶畑はもちろんのこと民家といえども急傾斜地にへばりつくように立ち重なって見える。その民家の大部分が、床下には三～四メートルもあろうかと思われる柱が四～五本立っていて、傾斜地の民家を支えている。

近年のダージリンは、近隣山地からの人口集中があり、条件のわるい土地にも住まざるをえなく、やむなく柱の支えを必要とすることになる。遠くから眺める民家は、さながら小鳥のゲージのような住宅にみえる。

山腹に展開するエステートは、ダージリンの町に続く高地で標高二〇〇〇メートルにも及ぶが、この高地から山腹を下って、もっとも低い所では三〇〇～四〇〇メートルとなり、平地のテライへと続く。

こうした標高差のあるダージリンのエステートでは、低地にはアッサム種の大葉種、中高地の一〇〇〇メートル近くではアッサム雑種といわれる中葉種、そして高地の一五〇〇メートル付近には中国種の小葉種を作付けている。したがってアッサムの茶園のような「被蔭樹」は、低地の茶園に見られるが高地になるにしたがって少なくなり、一五〇〇メートル付近にはまったく見られない。

ダージリン紅茶の名声はこうした自然条件によるところが大きいが、植栽されている茶樹の種類にもよるわけで、アッサム種のような大葉樹はタンニン含量は多く、紅茶としての一方の生命は保持するが、一方の香気は少ない。そのうえ耐寒性が弱く、ダージリンのような高地には適さない。

小葉種は、耐寒性は強く高地の生育に適するが、紅茶の生命となるタンニン含量が少ない。タンニン含量は少ないが、香気は大葉種に勝るものをもっている。

そこで、この両者を交配して雑種をつくり、タンニン含量も多く、香気にも優れており、そのうえ耐寒性もある優秀な品種をつくることに成功したわけで、これがダージリン紅茶が世界一の名声を得ることになった由縁の一つである。

現在は、ここダージリンに限らず、アッサムや南インドのニルギリ、さらにスリランカにもこの雑種が導入され、各地の自然条件と相まって、各地に優れた紅茶が造られるようになった。スリランカの「ウバ」「デンブラー」、そして「ヌワラエリヤ」等の優れた紅茶産地もこうした品種から造られているからである。

ダージリン紅茶の製造も、アッサム紅茶の製造と基本的には変わりないが、ダージリンの自然条件もあって、若干の違いはある。

茶摘み製茶期は、アッサムではほとんど通年行なわれるが、十二月下旬から一月上中旬までは茶の木の刈り込み期となるために、茶摘みは行なわない。これは、茶摘みが茶芽の先端一心二葉摘みとするためにその基部の三～四葉が残る。これをほぼ二〇日ごとに繰り返すために、茶の木は十二月ごろともなると三〇センチ余の高さとなる。これを摘みやすい腰の高さまで刈り取るわけで、この作業が十二月中下旬～一月上中旬となるわけである。

ダージリンでは、標高も高く低温のために茶摘みは十一月中旬に終わり、四月上中旬から始まる。茶の木もアッサム地方のような低地ほどの生育はなく、刈り込みも二～三年に一回程度行なわれる。茶摘みの方法は、一心一～二葉が厳守されており、ダージリン紅茶の名声の源の一つともなっている。

製造工程は、ダージリンでは茶の芽が長く仕上がるオーピー（Oveng:Peko）タイプを原則としているが、より早く紅茶の香味が浸出するように仕上げており、ブロークンタイプまではならないが、かなり短いタイプとなっている。

萎凋発酵は、室内萎凋室か人工萎凋機が使われ、前者ではほぼ一〇時間、後者ではほぼ五～六時間となるが、その時の天候状況によって多少の変化はある。

揉捻は揉捻機が使われており、アッサムのようなＣＴＣ、あるいはブロークン機はきわめて少ない。

醗酵工程は、醗酵室で、人工醗酵機が使われているが、醗酵時間は短く三～四時間、茶の葉には緑色が残り、紅茶特有の赤銅色は四部六程度となっている。したがって製品にも若干の青臭味が残っていて、これがダージリンフレーバーとして、ダージリン紅茶の特色とされてきた。

この青臭味は、製茶後の後熟を見込してのことと思われるが、私どもや各国の消費者の手元に届くころには、その青臭味もほぼ消えて、ダージリン紅茶としてのふくよかな香りとなっている。その香りは紅茶としてのかすかな「クチナシ」の花、「オレンジ」の花香にたとえられる。馥郁たる香りが後熟によってはぐくまれている。

近年のダージリン紅茶には、世界各国の紅茶業界の傾向とも思われるが、かつてのようなオーピータイプのものは少なく、ブロークンタイプのものが多い。一見して量産とスピード生産に主眼がおかれているように見える。

注

（1）Elwin, op.cit., p.22
（2）william Golant, The Long Afternoon　British India　1601-1947, London, 1975, pp.24-26
（3）Ukers, op.cit., p.156
（4）H・ホブハウス　前掲書　三三～三九頁
（5）R.Fortune, Three years'wandering in the northern provinces of Chain, London, 1847, pp.219～221
（6）Griffiths, op.cit., P.77
（7）矢沢利彦　前掲書　一六八頁
（8）斎藤禎『紅茶読本』柴田書店　一九七五　九六頁

(9) 大石貞男『茶栽培全科』農山漁村文化協会　一九八五　六〇～六一頁
(10) 松下智『お茶の百科』同成社　一九八一　四九頁
(11) Banerjee, op.cit., pp.169-171
(12) 重田徳『清代社会経済史研究』岩波書店　一九七五　二八七頁
(13) 重田徳　前掲書　pp.219-220
(14) R.Fortune, op.cit., pp.209-212
(15) 滝口明子『英国紅茶論争』講談社　一九九六　二〇八頁
(16) 荒木安正「茶のきた道と英国紅茶」『紅茶の楽しみ方』新潮社　一九九三　四七頁
(17) 矢沢利彦　前掲書　五四～五七頁
(18) 布目潮渢『緑芽十片』岩波書店　一八八九　二五七～二五八頁
(19) 陳彬藩（南條克己他訳）『茶経新篇』アルファ・アート出版　一九八四　二一八頁
(20) 一八三六年、ブルースが最初に製造した茶は緑茶であるが、それ以後、ブラック・ティーが主流となっている。問題は現在にいたるまでインドにおける緑茶の製法については蒸製 steam となっていることである。周知のとおり、十九世紀の中国では釜炒製であり、ゴードンが招いた中国製茶技術者のグリーン・ティー製法は地方に残存していた蒸製なのか、それとも釜炒製であったが不首尾で後日新たに蒸製を導入したのか判然としない。
(21) Griffiths, op.cit., p.484

（22）重田徳　前掲書　二五六～二五七頁

（23）Griffiths, op.cit., p,113

（24）シドニー・W・ミンツ著　北川稔・和田光弘訳『甘さと権力』平凡社　一九八八　二二四頁

（25）田中忠夫『支那の産業と金融』大坂屋号　一九二二　二〇六頁

（26）田中忠夫　前掲書　二三二頁

（27）Fred Pinn, L.Mandelli Darjeeling Tea Planter and Ornithologist, London, 1985, p.8

（28）R・タナヒル著　小野村正敏訳『食物と歴史』評論社　一九八〇　三五三頁

（29）Ukers　op.cit., p.153　なお、Rajesh Verma, A Gaide to Sikkim, Sarjeeling Area & Bhutan, 1995 によると、一八四〇年代の初期には茶適地として注目され、茶園開発が進められたとある。

（30）Banerjee, op.cit., p.21

（31）Michael G. Satow, India's Railway Lifeline（National Geographic　VOL. 165, NO,6）

主な参考文献

相松義男『紅茶と日本茶』恒文社　一九八五
青木正児『中華茶書』柴田書店　一九八二
浅田實『東インド会社』講談社現代新書　講談社　一九八九
磯淵猛『金の芽　インド紅茶紀行』角川書店　一九九八
岩本裕『インド史』修道社　一九五八
大森実『ネール』人物現代史一一　講談社　一九七九
大林太良編『東南アジアの民族と歴史』民族の世界史六　山川出版社　一九八四
岡田章雄『外国人の見た茶の湯』淡交社　一九七六
辛島昇　他『インド』新潮社　一九九二
角山栄『辛さの文化　甘さの文化』同文館出版　一九八七
国立民族学博物館編『国立民族学博物館研究報告別冊　九』
小西正捷『多様のインド世界』人間の世界歴史八　三省堂　一九八一
篠田統『中国食物史』柴田書店　一九七四
谷本陽蔵『中国茶の魅力』柴田書店　一九九〇
中国近代経済史研究会編訳『中国近代国民経済史　上巻』雄渾社　一九七一

中村平治『南アジア現代史Ⅰ』世界現代史九　山川出版社　一九七七
西村孝夫『近代イギリス東洋貿易史の研究』風間書房　一九七二
布目潮渢『中国　名茶紀行』新潮社　一九九一
布目潮渢・中村喬編訳『中国の茶書』東洋文庫　平凡社　一九七六
橋本萬太郎編『漢民族と中国社会』民族の世界史五　山川出版社　一九八三
橋本実『茶の起源を探る』淡交社　一九八八
松下智『日本の茶』風媒社　一九六九
松下智『中国の茶』河原書店　一九八六
松下智『ティーロード―日本茶の来た道』雄山閣出版　一九九三
松下智『茶の民族誌』雄山閣出版　一九九八
松本睦樹『イギリスのインド統治』阿吽社　一九九六
松崎芳郎編著『年表茶の世界史』八坂書房　一九八五
見市雅俊『コレラの世界史』晶文社　一九九四
見市雅俊・高木勇夫・柿本昭人・南直人・川越修『青い恐怖　白い街』平凡社　一九九〇
守屋毅『お茶のきた道』NHKブックス　日本放送出版協会　一九八一
守屋毅編『茶の文化その総合的研究第一部・第二部』淡交社　一九八一
山本達郎編『インド史』世界各国史10　山川出版社　一九六〇
矢口孝次郎編『イギリス帝国経済史の研究』東洋経済新報社　一九七四

矢沢利彦『グリーン・ティーとブラック・ティー』　汲古書院　一九九八
出口保夫『英国紅茶の話』東京書籍　一九八二

おわりに

未知の世界の多いアッサム地方に関しては、お茶としての紅茶の完全な紹介はとうてい不可能であり、今後の研究に期待するものが多い。

ことにアッサム地方は、インドでは東北の辺境であり、中国、ミャンマー、そしてバングラデシュ等との国境地域である。その国境のすべては山岳地帯であり、各国ともども少数民族が多く住むところであって、外国人の立ち入り不可能なところが大部分である。

今後、こうした地域の各国からの入境の許可が出るようになり、細部にわたって具体的な茶の紹介のできることを願って止まないものである。

この小著が、日本におけるアッサムの紹介書の第一歩として不完全ながら役立つとともに、それが紅茶へのさらなる認識普及へと発展することになれば幸いである。

一九九九年八月三日

松　下　　智

著者紹介

松下　智（まつした　さとる）

1930年 長野県生まれ。愛知学芸大学（現・愛知教育大学）卒業。
愛知県立西尾実業高等学校教諭、愛知県立安城農林高等学校教諭を経て、
愛知大学国際コミュニケーション学部教授に就任（後に定年退職）。
1970年　茶の文化振興のために社団法人豊茗会を設立。
2003年　O-CHAパイオニア賞受賞／学術研究大賞受賞
2016年　長年にわたり収集した茶道具類や研究資料を静岡県袋井市に寄贈。

＜主要著書＞
『日本の茶』（風媒社)、『日本茶の伝来—ティロードを探る』（淡交社)、『中国の茶—その種類と特性』（河原書店)、『茶の民族誌—製茶文化の源流』（雄山閣)、『緑茶の世界—日本茶と中国茶』（雄山閣)、『日本名茶紀行』（雄山閣)、『ヤマチャの研究—日本茶の起源伝来を探る』（岩田書院)、『茶の原産地を探る』（大河書房)、ほか多数。

本書は平成11年（1999）に小社より出版した『アッサム紅茶文化史』を〈生活文化史選書〉シリーズの1冊として刊行するものです。なお今回の出版にあたっては初版掲載の「資料編」と「索引」は割愛いたしました。

1999年12月 5 日　初版第1刷発行
2019年 6 月30日　〈生活文化史選書〉版　第1刷発行　《検印省略》

◇生活文化史選書◇

アッサム紅茶文化史《こうちゃぶんかし》

著　者　松下　智
発行者　宮田哲男
発行所　株式会社 雄山閣
〒102-0071　東京都千代田区富士見2-6-9
TEL　03-3262-3231／FAX　03-3262-6938
URL　http://www.yuzankaku.co.jp
e-mail　info@yuzankaku.co.jp
振　替：00130-5-1685
印刷・製本　株式会社 ティーケー出版印刷

ISBN978-4-639-02657-0 C0322
N.D.C.382　248p　21cm